PEPTIDES
POUR
DÉBUTANTS

Obtenez une santé optimale grâce à des protocoles peptidiques sûrs pour la croissance musculaire, la perte de graisse, la longévité, l'immunité et les performances cérébrales

Earl Fischer

DÉMENTI

Le contenu de ce livre est destiné à des fins informatives et éducatives uniquement. Il n'est pas destiné à remplacer un avis médical professionnel, un diagnostic ou un traitement. L'auteur et l'éditeur ne prétendent pas offrir de conseils médicaux, juridiques ou professionnels, et il est conseillé aux lecteurs de consulter un fournisseur de soins de santé qualifié avant de prendre des décisions ou de prendre des mesures basées sur les informations contenues dans ce livre.

Bien que tous les efforts aient été faits pour assurer l'exactitude et la fiabilité du contenu, l'auteur et l'éditeur ne donnent aucune garantie quant à l'exhaustivité, à la nature actuelle ou aux erreurs potentielles dans le matériel. Les informations présentées sont basées sur des recherches et des expériences personnelles, mais ne sont pas examinées ou approuvées par des autorités médicales telles que la FDA ou toute agence/autorité médicale équivalente.

L'utilisation de peptides, de protocoles ou de recommandations discutés dans ce livre doit être entreprise à la discrétion et aux risques du lecteur. Il est fortement conseillé aux personnes de consulter un professionnel de la santé, en particulier celles qui sont enceintes, qui allaitent, qui prennent des médicaments ou qui gèrent des problèmes de santé chroniques. Les résultats peuvent varier et les informations fournies ne doivent pas être considérées comme une garantie ou une prescription.

Les opinions exprimées dans ce livre sont uniquement celles de l'auteur et ne peuvent pas refléter les points de vue d'organisations ou d'institutions. L'auteur et l'éditeur déclinent toute responsabilité en cas de perte, de blessure ou de dommage résultant de l'utilisation des informations fournies ici.

En lisant ce livre, vous reconnaissez et acceptez que l'auteur et l'éditeur ne sont pas responsables des résultats résultant de l'application de ce matériel.

La reproduction, la distribution ou la transmission non autorisées de ce contenu, sous quelque forme que ce soit, est interdite sans le consentement écrit préalable de l'auteur.

Table des matières

- INTRODUCTION 10
- CHAPITRE 1. INTRODUCTION AUX PEPTIDES 11
  - 1.1 Que sont les peptides ? 11
  - 1.2 Histoire et évolution des peptides en médecine 11
  - 1.3 Différence entre les peptides et les protéines 11
  - 1.4 Peptides naturels ou synthétiques 12
  - 1.5 Techniques de synthèse peptidique 13
- CHAPITRE 2. LA SCIENCE DERRIÈRE LES PEPTIDES 14
  - 2.1 Structure et fonction des peptides 14
  - 2.2 Comment les peptides fonctionnent dans le corps 14
  - 2.3 Types de peptides 14
    - 2.3.1 Oligopeptides 14
    - 2.3.2 Polypeptides 15
    - 2.3.3 Peptides cycliques 15
  - 2.4 Principaux récepteurs et voies peptidiques 15
  - 2.5 Le rôle des acides aminés dans la fonctionnalité peptidique 15
- CHAPITRE 3. COMMENT COMMENCER À UTILISER LES PEPTIDES 16
  - 3.1 Choisir le peptide adapté à vos besoins 16
  - 3.2 Comment acheter des peptides en toute sécurité 16
  - 3.3 Comment administrer les peptides 17
    - 3.3.1 Injections 17
    - 3.3.1.1 Guide étape par étape pour reconstituer CJC-1295 pour injection 17
    - 3.3.2 Gélules orales 19
    - 3.3.3 Vaporisateurs nasaux 19
  - 3.4 Directives de dosage et cycle des peptides 19
  - 3.5 Défis courants et comment les surmonter 20
  - 3.6 Erreurs courantes à éviter lors du démarrage des peptides 21
- CHAPITRE 4. SÉCURITÉ ET RÉGLEMENTATION 22
  - 4.1 Sécurité des peptides : comprendre les effets secondaires et les risques 22
  - 4.2 Considérations juridiques et réglementaires relatives à l'utilisation des peptides 23
  - 4.3 Peptides et FDA : état actuel de l'approbation 23
- CHAPITRE 5. PEPTIDES THÉRAPEUTIQUES ET UTILISATIONS 25
  - 5.1 Peptides pour la perte de graisse 25

Ipamorelin 25
AOD-9604 25
Semaglutide 26
Tirzepatide 27
Tesofensine 27
Tesamorelin 28
MOTS-C 28
5-Amino 1MQ 29

5.2 Peptides pour la croissance et la performance musculaires 29

Sermorelin 30
BPC-157 31
TB-500 32
IGF-1 LR3 33
DSIP 34
GHRP-2 35
GHRP-6 35
Hexarelin 36
PEG-MGF 37
MK-677 38
Ipamorelin 39
CJC-1295 40

5.3 Peptides pour la santé du cerveau et les performances cognitives 40

Semax 41
Selank 42
Dihexa 43
Cerebrolysin 43
Orexin A 44
PE-22-28 45
FGL 46

5.4 Peptides pour la longévité et l'anti-âge 46

Epitalon 47
Thymalin 48
GHK-Cu 49
Humanin 50

- TB-4/TB-500 51
- 5.5 Peptides pour la santé sexuelle 51
  - PT-141 52
  - Kisspeptin 53
  - Melanotan II 54
- 5.6 Peptides pour l'immunité 54
  - Thymosin alpha-1 55
  - LL-37 56
  - VIP 57
  - KPV 58
  - ARA-290 58
  - SS-31 59
- 5.7 Peptides pour le sommeil 60
  - DSIP (peptide delta induisant le sommeil) 60
  - Epitalon 61
  - Thymosin Beta-4 62
- 5.8 Peptides pour la peau, les cheveux et l'esthétique 62
  - GHK-Cu 63
  - Argireline 63
  - PTD-DBM 64
  - BPC-157 65
  - Melanotan I et II 65
- 5.9 Peptides pour les femmes 66
  - Kisspeptin 66
  - Peptides pour la ménopause 67
  - PT-141 67
- 5.10 Peptides pour les hommes 68
  - Gonadorelin 68
  - Kisspeptin 69
  - PT-141 69

CHAPITRE 6. EMPILEMENTS ET COMBINAISONS DE PEPTIDES 71
- 6.1 Empilements/combos de peptides pour la perte de graisse 71
  - Ipamorelin + CJC-1295 71
  - Ipamorelin + CJC-1295 + AOD-9604 72

Semaglutide + MOTS-C + Tesamorelin 72

Tirzepatide + Tesofensine + 5-amino 1MQ 73

Tesamorelin + CJC-1295 + MK-677 73

AOD-9604 + Ipamorelin + Tirzepatide 74

6.2 Empilements/combos de peptides pour la croissance musculaire 74

CJC-1295 + Ipamorelin + IGF-1 LR3 74

CJC-1295 + Ipamorelin + BPC-157 75

CJC-1295 + GHRP-2 + BPC-157 75

CJC-1295 + GHRP-6 + BPC-157 76

MK-677 + GHRP-6 + PEG-MGF 76

TB-500 + BPC-157 + CJC-1295 77

IGF-1 DES + Follistatin-344 + GHRP-2 77

Hexarelin + Ipamorelin + IGF-1 LR3 78

Hexarelin + TB-500 + PEG-MGF 78

6.3 Piles/combos de santé cérébrale et de performances cognitives 79

Semax + Selank + Cerebrolysin 79

Semax + Selank + Dihexa 80

Dihexa + Selank + FGL 80

Cerebrolysin + Semax + Epitalon 81

Epitalon + Selank + Dihexa 81

Semax + CJC-1295 + GHRP-2 82

Dihexa + Orexin A + FGL 82

Semax + PE-22-28 + Orexin A 83

6.4 Empilements/combos de peptides pour la longévité et l'anti-âge 84

Epitalon + Thymalin + GHK-Cu 84

Epitalon + BPC-157 + TB-500 84

Epitalon + Humanin + GHK-Cu 85

MOTS-C + Humanin + SS-31 (Elamipretide) 86

Epitalon + CJC-1295 + GHRP-2 86

GHK-Cu + BPC-157 + TB-500 87

Thymalin + Epitalon + GHRP-6 87

6.5 Empilements/combos de peptides pour la santé sexuelle 88

PT-141 + Kisspeptin + Melanotan II 88

PT-141 + CJC-1295 + Ipamorelin 88

Gonadorelin + PT-141 + MK-677 89
Kisspeptin + CJC-1295 + Ipamorelin 90
PT-141 + Melanotan II + CJC-1295 90
6.6 Empilements/combos de peptides pour l'immunité 91
Thymosin alpha-1 + LL-37 + VIP 91
Thymosin alpha-1 + BPC-157 + SS-31 91
VIP + LL-37 + SS-31 92
Thymosin alpha-1 + KPV + ARA-290 92
Thymosin alpha-1 + LL-37 + BPC-157 93
6.7 Empilements/combinaisons de peptides pour la peau, les cheveux et l'esthétique 94
GHK-Cu + BPC-157 + Epitalon 94
GHK-Cu + PTD-DBM + Argireline 94
GHK-Cu + CJC-1295 + Ipamorelin 95
BPC-157 + GHRP-2 + GHK-Cu 95
6.8 Considérations clés pour les combinaisons/empilement de peptides 96
CHAPITRE 7. PEPTIDES ET MODE DE VIE 97
7.1 Nutrition, exercice et récupération 97
7.1.1 Alimentation 97
7.1.2 Exercice 97
7.1.3 Rétablissement 98
7.2 Gérer vos attentes 98
7.2.1 Prestations à court terme (en quelques jours à quelques semaines) 98
7.2.2 Avantages à long terme (en quelques mois) 99
7.2.3 Équilibre entre les attentes 99
CHAPITRE 8. CONCLUSION 100
8.1 Ressources pour l'apprentissage et la recherche 100
Références 102

INTRODUCTION

Les peptides deviennent rapidement populaires dans le domaine de la médecine régénérative en raison de leur capacité à favoriser la cicatrisation et à réparer les tissus au niveau cellulaire. Contrairement à de nombreux traitements traditionnels, qui ont tendance à masquer les symptômes, les peptides agissent en s'attaquant aux causes profondes des dommages ou de la dégénérescence, permettant au corps de se guérir plus efficacement.

Présents naturellement dans le corps humain et également synthétisés à des fins spécifiques, les peptides sont utilisés pour stimuler la migration cellulaire, favoriser la récupération et la régénération des tissus. Ces peptides régénératifs ont gagné en popularité parmi les athlètes et les amateurs de fitness, car ils aident à accélérer la récupération des blessures sportives et des entraînements intenses.

Cependant, leurs avantages s'étendent au-delà des athlètes, car ils sont également utilisés dans le traitement de conditions telles que la douleur chronique, l'arthrite, les déséquilibres hormonaux, la dysfonction érectile et les maladies inflammatoires. Avec plus de recherches, les peptides sont susceptibles de devenir encore plus essentiels dans le développement de traitements pour la dégénérescence liée à l'âge, permettant aux individus de se remettre plus rapidement de blessures et de subir moins d'usure en vieillissant. Les maladies chroniques comme le diabète, les maladies cardiaques et les maladies neurodégénératives font partie des problèmes de santé les plus urgents dans le monde. Les peptides offrent de nouvelles possibilités dans le traitement et la gestion de ces affections. Les peptides jouent également un rôle important dans le ralentissement des effets et même l'inversion de certains aspects du vieillissement cellulaire.

Ce livre sert de guide convivial pour les débutants pour comprendre les peptides, leurs utilisations et comment ils peuvent être bénéfiques pour votre santé. Bien que les peptides puissent sembler complexes, leurs applications sont simples et faciles à intégrer dans la vie quotidienne. Vous apprendrez ce que sont les peptides, comment ils fonctionnent dans le corps et comment ils sont appliqués dans les soins de santé modernes. Chaque peptide a des propriétés uniques, et le bon choix dépend de vos besoins et objectifs de santé individuels.

La sécurité est un objectif clé tout au long de ce livre. Bien que les peptides soient généralement considérés comme sûrs lorsqu'ils sont utilisés correctement, ils doivent être manipulés et administrés avec soin. Ce livre comprend des conseils pratiques sur la façon de se procurer et de préparer des peptides, de les administrer et de surveiller leurs effets. Il fournit également des informations sur les risques et les effets secondaires potentiels, ce qui vous aide à prendre des décisions éclairées.

CHAPITRE 1. INTRODUCTION AUX PEPTIDES

1.1 Que sont les peptides ?

Les peptides sont de courtes chaînes d'acides aminés. Considérez-les comme de minuscules éléments constitutifs qui composent les protéines de votre corps. Alors que les protéines sont de longues chaînes complexes de ces acides aminés, les peptides sont beaucoup plus petits et plus simples. Ils sont généralement constitués de 2 à 50 acides aminés liés entre eux dans une séquence spécifique.

Votre corps produit naturellement de nombreux peptides différents, et ils jouent des rôles essentiels dans divers processus biologiques. Les peptides peuvent agir comme des signaux entre les cellules, aidant à réguler des activités telles que la guérison, la croissance et le métabolisme. Ils peuvent également servir d'hormones, transportant des informations entre les organes et les tissus.

Ces dernières années, les peptides ont attiré beaucoup d'attention dans les communautés de la médecine, du fitness et du bien-être. En effet, les scientifiques ont trouvé des moyens de créer des peptides synthétiques capables d'imiter les peptides naturels du corps. Ces versions synthétiques peuvent être utilisées pour traiter divers problèmes de santé, améliorer les performances physiques ou même ralentir les effets du vieillissement.

1.2 Histoire et évolution des peptides en médecine

L'utilisation de peptides en médecine n'est pas un concept tout à fait nouveau. En fait, les peptides sont étudiés et utilisés depuis près d'un siècle. Le premier peptide médical connu était l'insuline, qui a été découverte au début des années 1920. L'insuline, une hormone peptidique, a révolutionné le traitement du diabète, permettant à des millions de personnes dans le monde de gérer efficacement leur taux de sucre dans le sang.

Depuis lors, les chercheurs ont mis au point une large gamme de peptides thérapeutiques. Au cours des premières années, l'accent était mis sur les peptides naturels, mais à mesure que la technologie progressait, les scientifiques ont commencé à créer des versions synthétiques. Ces peptides synthétiques fonctionnent souvent plus efficacement ou ciblent des fonctions spécifiques dans le corps. Par exemple, les peptides synthétiques comme BPC-157 ou TB-500 sont populaires dans le monde du sport et de la rééducation pour leur capacité à accélérer la guérison.

Au 21e siècle, les peptides sont passés d'une thérapie de niche à quelque chose de plus en plus courant. Avec plus de 800 médicaments peptidiques actuellement en cours de développement et dont beaucoup sont déjà disponibles sur le marché, les peptides devraient jouer un rôle majeur dans l'avenir des soins de santé.

1.3 Différence entre les peptides et les protéines

Les peptides et les protéines sont tous deux constitués d'acides aminés, mais la principale différence entre eux est leur taille. Les peptides sont plus courts, généralement composés de jusqu'à 50 acides aminés, tandis que les protéines sont beaucoup plus grandes et peuvent contenir des milliers d'acides aminés.

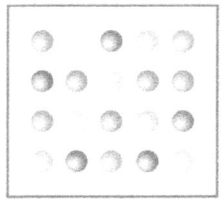
Amino acids

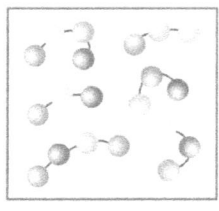
Peptides

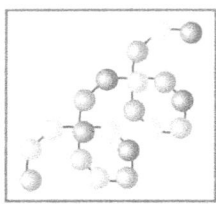
Protein

Une autre différence clé est leur fonctionnement. Alors que les peptides agissent souvent comme des molécules de signalisation ou des hormones, les protéines ont tendance à jouer des rôles plus structurels dans le corps. Par exemple, le collagène, qui donne à votre peau et à vos tissus leur force, est une protéine. D'autre part, l'insuline, qui aide à réguler le taux de sucre dans le sang, est une hormone peptidique.

De plus, les peptides ont tendance à être plus polyvalents dans les applications médicales. Ils sont plus petits et plus faciles à manipuler en laboratoire, ce qui les rend plus faciles à étudier et à utiliser dans les traitements. C'est pourquoi il y a un tel intérêt croissant pour le développement de thérapies à base de peptides pour tout, de la perte de poids à l'amélioration cognitive.

1.4 Peptides naturels ou synthétiques

Les peptides peuvent être trouvés naturellement dans le corps, ou ils peuvent être fabriqués en laboratoire. Les peptides naturels sont produits par vos cellules et aident à réguler une variété de fonctions, telles que la réparation des tissus endommagés, la régulation des hormones et le contrôle du métabolisme.

Peptides naturels

Ce sont les peptides que votre corps produit lui-même. Chaque jour, vos cellules fabriquent des milliers de peptides différents qui assurent le bon fonctionnement de votre corps. En voici quelques exemples :

- **Insuline :** Régule le taux de sucre dans le sang.
- **Ocytocine :** Joue un rôle dans l'accouchement et la création de liens entre les personnes.
- **Glucagon :** Aide à augmenter le taux de sucre dans le sang lorsqu'il est trop bas.

Peptides synthétiques

Les scientifiques créent des peptides synthétiques en laboratoire. Ces peptides sont conçus pour imiter les peptides naturels de votre corps ou les améliorer d'une manière ou d'une autre. Par exemple, les peptides synthétiques comme CJC-1295 et Ipamorelin sont utilisés pour stimuler la production d'hormone de croissance par le corps, aidant les gens à développer leurs muscles, à récupérer plus rapidement et même à ralentir le vieillissement.

Parce que les peptides synthétiques sont fabriqués dans un environnement contrôlé, les chercheurs peuvent les modifier pour des utilisations spécifiques. Cela ouvre de nombreuses possibilités pour traiter différents problèmes de santé ou améliorer les performances d'une manière que les peptides naturels ne pourraient peut-être pas faire seuls.

1.5 Techniques de synthèse peptidique

Pour fabriquer des peptides en laboratoire, les scientifiques utilisent un processus appelé **synthèse peptidique**. Il existe deux méthodes principales utilisées pour créer des peptides synthétiques : **la synthèse peptidique en phase solide (SPPS)** et **la synthèse peptidique en phase liquide (LPPS)**.

- **Synthèse de peptides en phase solide (SPPS) :** Il s'agit de la technique la plus courante pour créer des peptides. Dans SPPS, la chaîne peptidique est construite un acide aminé à la fois lorsqu'elle est attachée à une surface solide. Cette méthode est préférée car elle est efficace et permet aux scientifiques de créer des peptides de différentes longueurs et complexités.

- **Synthèse peptidique en phase liquide (LPPS) :** La LPPS est utilisée moins fréquemment, mais peut être meilleure pour fabriquer des peptides plus longs et plus complexes. Le processus se déroule dans une solution plutôt que sur une surface solide. Cela prend plus de temps, mais dans certains cas, cela produit de meilleurs résultats.

Les deux méthodes consistent à lier les acides aminés dans une séquence spécifique pour créer le peptide souhaité. Une fois que le peptide est complet, il est purifié et testé pour s'assurer qu'il fonctionne comme prévu.

CHAPITRE 2. LA SCIENCE DERRIÈRE LES PEPTIDES

Il ne s'agit pas d'un cours de sciences ; cependant, je vais essayer d'expliquer la science derrière ces peptides toujours puissants. Il est fascinant de savoir comment les peptides fonctionnent dans notre corps.

2.1 Structure et fonction des peptides

2.1.1 La structure

Les peptides sont composés d'acides aminés liés entre eux dans une séquence spécifique, formant de courtes chaînes. Ces chaînes se plient en formes tridimensionnelles qui déterminent leur fonction dans le corps. La séquence d'acides aminés dicte la façon dont le peptide interagit avec d'autres molécules et récepteurs. Ils vont de quelques acides aminés (comme les dipeptides ou les tripeptides) à environ 50 acides aminés. La disposition et le repliement spécifiques de ces acides aminés confèrent à chaque peptide ses propriétés et fonctions uniques.

2.1.2 Fonctionnalité

- **Signalisation : Les** peptides agissent comme des messagers entre les cellules, transmettant des signaux qui régulent les processus biologiques tels que la croissance, le métabolisme et la réponse immunitaire.

- **Hormones :** De nombreux peptides fonctionnent comme des hormones, contrôlant des activités telles que la régulation de l'insuline (importante pour la gestion de la glycémie) et la libération d'hormone de croissance (cruciale pour la croissance et la réparation musculaires).

- **Enzymes :** Certains peptides agissent comme des enzymes, accélérant les réactions chimiques dans le corps qui sont nécessaires à la digestion, au métabolisme et à d'autres processus vitaux.

2.2 Comment les peptides fonctionnent dans le corps

Les peptides exercent leurs effets en se liant à des récepteurs spécifiques à la surface des cellules ou à l'intérieur des cellules. Cette liaison déclenche une cascade de réactions biochimiques qui régulent divers processus biologiques. Par exemple:

- **Communication cellulaire : Les** peptides peuvent relayer des messages entre les cellules, leur ordonnant d'effectuer des actions spécifiques comme la libération d'hormones ou l'activation de réponses immunitaires.

- **Activation des récepteurs :** En se liant aux récepteurs, les peptides peuvent initier ou inhiber des réponses physiologiques telles que la contraction musculaire, l'inflammation ou la libération de neurotransmetteurs.

- **Activité enzymatique : Les** peptides peuvent agir comme des catalyseurs, augmentant le taux de réactions chimiques qui décomposent les molécules ou en construisent de nouvelles essentielles à la fonction cellulaire.

2.3 Types de peptides

2.3.1 Oligopeptides

Il s'agit de courtes chaînes d'acides aminés, généralement composées de 2 à 20 acides aminés. Les oligopeptides comprennent des dipeptides (2 acides aminés) et des tripeptides (3 acides aminés), et ils agissent souvent comme des molécules de signalisation ou des précurseurs de peptides et de protéines plus gros.

2.3.2 Polypeptides

Les polypeptides sont des chaînes plus longues d'acides aminés, allant de 20 à 50 acides aminés. Ils sont plus complexes que les oligopeptides et peuvent avoir diverses fonctions, notamment la régulation hormonale, l'activité enzymatique et le soutien structurel dans les tissus.

2.3.3 Peptides cycliques

Les peptides cycliques ont une structure unique où la chaîne d'acides aminés forme une boucle fermée. Cette structure cyclique améliore leur stabilité et leur résistance à la dégradation, ce qui les rend précieux dans le développement de médicaments et les applications thérapeutiques.

2.4 Principaux récepteurs et voies peptidiques

Les peptides exercent leurs effets en se liant à des récepteurs spécifiques à la surface des cellules ou à l'intérieur des cellules. Ces récepteurs sont des protéines qui reconnaissent et répondent à la présence de peptides, initiant des processus cellulaires ou des cascades de signalisation.

Récepteurs couplés aux protéines G (RCPG) :

De nombreux peptides se lient aux RCPG, une grande famille de récepteurs impliqués dans diverses fonctions physiologiques telles que la neurotransmission, la régulation hormonale et la perception sensorielle. Les RCPG jouent un rôle important dans la médiation des effets des peptides sur les activités cellulaires.

Récepteurs de la tyrosine kinase :

Certains peptides interagissent avec les récepteurs de la tyrosine kinase, qui sont impliqués dans la croissance, la différenciation et le métabolisme cellulaires. La liaison des peptides à ces récepteurs peut activer des voies de signalisation qui régulent les processus cellulaires tels que la croissance et la réparation.

2.5 Le rôle des acides aminés dans la fonctionnalité peptidique

Les acides aminés sont les éléments constitutifs des peptides et des protéines, et leur séquence détermine la structure et la fonction des peptides. Différents acides aminés apportent des propriétés uniques aux peptides, influençant leur stabilité, leur affinité de liaison et leur activité biologique.

Acides aminés essentiels et non essentiels :

Les acides aminés essentiels ne peuvent pas être synthétisés par l'organisme et doivent être obtenus par l'alimentation. Ils jouent un rôle essentiel dans la structure et la fonction des peptides. **Les acides aminés non essentiels** peuvent être synthétisés par l'organisme et contribuent également à la stabilité et à la fonction des peptides.

CHAPITRE 3. COMMENT COMMENCER À UTILISER LES PEPTIDES

3.1 Choisir le peptide adapté à vos besoins

Lorsque vous envisagez un traitement peptidique, la première étape consiste à identifier les objectifs ou les problèmes de santé spécifiques que vous souhaitez aborder. Étant donné que les peptides ciblent un large éventail de fonctions allant de la perte de graisse et de la croissance musculaire à l'amélioration cognitive et à la santé sexuelle. Il est important d'adapter le bon peptide à vos besoins. Choisir le mauvais peptide peut ne pas donner les résultats escomptés ou même entraîner des effets secondaires indésirables.

Pour commencer, réfléchissez aux résultats particuliers que vous recherchez. Par exemple:

- **Pour la croissance musculaire et la récupération** : Les peptides comme **Ipamorelin** ou **IGF-1 LR3** sont de bons choix, car ils stimulent la production d'hormone de croissance et favorisent la réparation des tissus.
- **Pour la perte de graisse : AOD-9604** ou **Semaglutide** peut aider en améliorant le métabolisme des graisses et en supprimant l'appétit.
- **Pour le rajeunissement de la peau : GHK-Cu** est excellent pour améliorer l'élasticité de la peau, réduire les rides et accélérer la cicatrisation des plaies.
- **Pour l'amélioration cognitive : Semax** ou **Dihexa** pourraient être vos meilleures options, car ils soutiennent la mémoire, la concentration et la santé globale du cerveau.

Il est également important de tenir compte de tout problème de santé sous-jacent ou des médicaments que vous prenez, car certains peptides peuvent interagir avec d'autres traitements ou affecter des conditions spécifiques. Consulter un professionnel de la santé qui a de l'expérience dans le traitement peptidique peut être inestimable. Ils peuvent vous aider à déterminer quel peptide répondra le mieux à vos besoins individuels et vous guider tout au long du processus de démarrage de votre régime peptidique.

3.2 Comment acheter des peptides en toute sécurité

L'achat de peptides peut être délicat car le marché est largement non réglementé et il existe de nombreuses entreprises proposant des produits de qualité variable. Pour vous assurer d'acheter des peptides sûrs et efficaces, il est important de faire vos recherches et de choisir un fournisseur réputé. Voici quelques facteurs clés à prendre en compte :

- **Pureté :** L'aspect le plus important lors de l'achat de peptides est leur pureté. Les peptides de haute pureté sont plus efficaces et plus sûrs. Recherchez des fournisseurs qui fournissent des certificats d'analyse (COA) provenant de laboratoires tiers indépendants. Ces certificats d'authenticité confirmeront la pureté du peptide et garantiront que le produit est exempt de contaminants ou d'additifs nocifs.
- **Réputation et avis :** Choisissez des fournisseurs ayant une solide réputation dans l'industrie. Lisez les avis des clients, consultez les forums en ligne et demandez des recommandations à des sources fiables qui ont de l'expérience avec les peptides. Les fournisseurs fiables ont souvent de solides antécédents et offrent un support client pour répondre à toutes vos questions.
- **Étiquetage et listes d'ingrédients transparents :** Assurez-vous que le fournisseur fournit un étiquetage clair et précis sur ses produits. Recherchez des informations sur la concentration du peptide,

les instructions de dosage et la date d'expiration. Évitez les produits qui ne divulguent pas clairement ces informations, car ils peuvent être contrefaits ou de mauvaise qualité.
- **Stockage et expédition : Les** peptides sont des composés délicats qui nécessitent un stockage approprié pour maintenir leur puissance. La plupart des peptides doivent être stockés dans des environnements frais et sombres (souvent réfrigérés). Avant d'acheter, assurez-vous que le fournisseur suit les protocoles d'expédition appropriés, tels que l'utilisation d'emballages isothermes ou de compresses froides pour éviter que les peptides ne se dégradent pendant le transport.
- **Considérations juridiques :** Selon votre pays ou votre région, le statut juridique des peptides peut varier. Certains peptides ne sont disponibles que sur ordonnance, tandis que d'autres peuvent être achetés gratuitement en ligne. Assurez-vous de comprendre les aspects juridiques de l'achat et de l'utilisation des peptides dans votre domaine ou votre domaine de travail afin d'éviter les problèmes potentiels.

3.3 Comment administrer les peptides

Une fois que vous avez choisi le bon peptide et que vous l'avez acheté auprès d'une source fiable, l'étape suivante consiste à l'administrer correctement. Les peptides peuvent être administrés de plusieurs manières, selon le type de peptide et son utilisation prévue. Les méthodes les plus courantes comprennent les injections, les capsules orales et les sprays nasaux.

3.3.1 Injections

La majorité des peptides sont administrés par injection sous-cutanée, ce qui signifie que le peptide est injecté juste sous la peau. Cette méthode garantit que le peptide pénètre rapidement dans la circulation sanguine et commence à agir presque immédiatement. L'administration d'injections peut sembler intimidante au début, mais avec une technique appropriée, elle est sûre et relativement simple. Voici comment procéder :

i. Utilisez une seringue stérile et prélevez la dose recommandée du peptide.
   Remarque : Nettoyez le bouchon en caoutchouc du flacon avec un tampon imbibé d'alcool avant d'aspirer la solution pour éviter toute contamination.
ii. Pincez une petite zone de peau, généralement autour de l'abdomen ou de la cuisse, et nettoyez-la avec un tampon imbibé d'alcool.
iii. Insérez l'aiguille à un angle de 45 degrés et injectez lentement le peptide.
iv. Jetez la seringue en toute sécurité dans un récipient pour objets tranchants ou aiguilles.

Les injections sont le moyen le plus efficace d'administrer des peptides car elles contournent le système digestif, ce qui peut décomposer les peptides et réduire leur efficacité.

3.3.1.1 Guide étape par étape pour reconstituer CJC-1295 pour injection

1. Rassemblez des fournitures :

- **CJC-1295 Flacon**
- **Eau bactériostatique** : Utilisée pour se mélanger au peptide. Cette eau contient une petite quantité d'alcool benzylique pour la garder stérile après ouverture.
- **Seringue de mélange de 10 mL**
- **Seringue à insuline (1 ml)** : les seringues de 30 à 100 unités sont les plus efficaces pour le dosage.

- **Tampons imbibés d'alcool** : Pour nettoyer le dessus des flacons et la zone d'injection.

2. Préparez le flacon CJC-1295 et l'eau bactériostatique

- Prenez le **tampon imbibé d'alcool** et essuyez le bouchon en caoutchouc sur le dessus du flacon CJC-1295 pour le maintenir stérile.
- Essuyez également le bouchon en caoutchouc sur le flacon d'eau bactériostatique.

3. Aspirez de l'eau bactériostatique dans la seringue

- À l'aide de votre seringue de mélange de 10 ml, aspirez la quantité désirée d'**eau bactériostatique** dans la seringue. Pour un **flacon de 5 mg** de CJC-1295, **5 ml d'eau bactériostatique** sont une quantité courante à utiliser pour la reconstitution, car cela facilite la mesure des doses.

Cependant, il est important de suivre les instructions fournies par le fabricant du peptide car il peut avoir des instructions spécifiques pour la reconstitution.

4. Mélangez l'eau bactériostatique avec CJC-1295

- Insérez la seringue dans le **flacon CJC-1295** en inclinant légèrement et poussez lentement le piston pour libérer l'eau bactériostatique. Laissez l'eau couler sur le côté du flacon pour éviter tout contact direct avec la poudre, ce qui peut provoquer de la mousse ou endommager le peptide. Tirez la seringue vers l'extérieur.
- **Ne secouez pas le flacon.** Au lieu de cela, faites tourner ou roulez doucement le flacon entre vos mains pour aider la poudre à se dissoudre. Le peptide doit se mélanger doucement à l'eau après quelques minutes.

5. Calculer la dose pour l'injection

- Après s'être reconstituée avec de l'eau bactériostatique, votre solution de CJC-1295 contiendra **1000 mcg par 0,1 ml (10 unités).**

Donc, pour obtenir une dose de **1000 mcg**, tirez **10 unités sur la seringue à insuline** pour injecter 1000 mcg.

6. Prélevez la dose pour l'injection

- Essuyez le bouchon en caoutchouc du flacon CJC-1295 reconstitué avec un tampon imbibé d'alcool.
- Retournez le flacon du **CJC-1295**, puis insérez la seringue d'insuline dans le flacon et prélevez **10 unités (0,1 ml)** de la solution mélangée pour atteindre la dose de 1000 mcg.

7. Injecter le peptide (injection sous-cutanée)

- Utilisez un tampon imbibé d'alcool pour nettoyer le site d'injection, généralement sur l'abdomen à environ 2 pouces du nombril.
- Pincez une petite section de peau, insérez l'aiguille à un angle de 45 degrés et injectez lentement le peptide.

3.3.2 Gélules orales

Certains peptides sont disponibles sous forme orale, mais cela est moins courant. Les peptides sont généralement de grosses molécules qui sont décomposées par les acides gastriques avant de pouvoir être absorbées dans la circulation sanguine. Cependant, les progrès réalisés dans la formulation des peptides ont permis d'administrer certains peptides par voie orale, tels que **BPC-157** ou **les agonistes du GLP-1** comme **Semaglutide**. Ces gélules sont pratiques et faciles à utiliser, mais peuvent être moins efficaces que les injections, car le corps peut ne pas les absorber efficacement.

3.3.3 Vaporisateurs nasaux

Une autre méthode d'administration de peptides consiste à utiliser des sprays nasaux. Les peptides comme **Semax** ou **Selank** sont souvent délivrés de cette façon, car la cavité nasale permet une absorption rapide dans la circulation sanguine sans injections. Les sprays nasaux sont conviviaux et non invasifs, ce qui en fait une bonne option pour les personnes qui ne sont pas à l'aise avec les aiguilles. Il suffit de vaporiser la dose prescrite dans l'une ou les deux narines, et le peptide sera absorbé par les tissus nasaux.

3.4 Directives de dosage et cycle des peptides

Le bon dosage est essentiel pour l'efficacité et la sécurité de la thérapie peptidique. Un surdosage peut entraîner des effets secondaires indésirables, tandis qu'un sous-dosage peut entraîner des avantages minimes ou nuls. Étant donné que la posologie des peptides varie en fonction du type de peptide, de vos objectifs de santé et de la chimie de votre corps, suivez les directives posologiques recommandées ou consultez un professionnel de la santé.

- **Commencez à faible dose et allez-y lentement :** Si vous débutez avec les peptides, c'est une bonne idée de commencer par une faible dose et de l'augmenter progressivement. Cela permet à votre corps de s'adapter et réduit le risque d'effets secondaires. Par exemple, une dose initiale typique d'**Ipamorelin** peut être d'environ 100 à 200 mcg par injection, prise 1 à 2 fois par jour.

- **Moment :** Le moment de l'administration du peptide est également important. Certains peptides, comme ceux utilisés pour la récupération musculaire, sont mieux pris après l'entraînement, tandis que d'autres, comme les peptides améliorant le sommeil, doivent être pris avant le coucher. Pour les peptides qui stimulent la libération d'hormone de croissance, tels que **CJC-1295** et Ipamorelin, il est souvent recommandé de les prendre à jeun, car la nourriture peut interférer avec leur efficacité.

- **Cycle des peptides :** Pour éviter d'acquérir une tolérance ou une désensibilisation aux peptides, il est important de les recycler. Cela signifie utiliser le peptide pendant une période déterminée, par exemple 4 à 8 semaines, suivie d'une pause. Le cyclisme empêche non seulement votre corps de s'adapter au peptide, mais donne également à votre système le temps de se réinitialiser et de maintenir son équilibre naturel. Par exemple, avec des peptides comme **GHK-Cu** ou BPC-157, vous pouvez les utiliser régulièrement à des fins de guérison, puis faire une pause une fois que l'effet désiré est obtenu.

Le cyclisme est particulièrement important avec les peptides qui affectent les niveaux d'hormones, tels que **les peptides libérant l'hormone de croissance**. L'utilisation à long terme et ininterrompue de ces peptides pourrait entraîner des déséquilibres hormonaux ou une diminution des résultats au fil du temps. Soyez conscient de la nécessité de faire fonctionner les peptides et de faire des pauses au besoin pour maximiser leurs avantages et minimiser les risques potentiels.

3.5 Défis courants et comment les surmonter

Commencer et s'y tenir avec la thérapie peptidique peut s'accompagner de quelques défis, en particulier pour les débutants. Voici quelques défis courants que les utilisateurs peuvent rencontrer et des conseils pour les surmonter :

Trouver le bon dosage

Déterminer le bon dosage peut être délicat, d'autant plus que les dosages de peptides peuvent varier en fonction des objectifs individuels, du poids corporel et du type de peptide. En prendre trop peut entraîner des effets secondaires, tandis qu'en prendre trop peu peut ne pas donner les résultats souhaités.

Solution : Commencez par la dose efficace la plus faible, comme recommandé par votre fournisseur de soins de santé ou les instructions sur les peptides dans ce livre. Augmentez progressivement la dose si nécessaire tout en surveillant la réponse de votre corps. Gardez une trace de tout effet secondaire ou amélioration et consultez un professionnel de la santé si des ajustements sont nécessaires.

Injection Peur ou inconfort

De nombreux peptides sont administrés par injections sous-cutanées, ce qui peut être intimidant ou inconfortable pour ceux qui ne sont pas familiers avec les aiguilles.

Solution : Renseignez-vous sur les techniques d'injection appropriées ou demandez à un professionnel de la santé de vous en faire la démonstration. Utilisez des aiguilles plus petites de qualité insulinique et appliquez un sac de glace pour engourdir la zone avant l'injection. Au fil du temps, le processus devient plus routinier et moins intimidant.

Marché non réglementé des peptides

La qualité des peptides peut varier considérablement selon le fournisseur, en particulier sur un marché non réglementé où certains produits peuvent être contrefaits ou contaminés.

Solution : Achetez toujours des peptides auprès de sources réputées qui fournissent des tests ou des certificats d'analyse par des tiers. Restez avec des fournisseurs qui ont une bonne réputation dans la communauté des peptides et offrent des informations claires et transparentes sur leurs produits.

Résultats lents ou incohérents

Certains utilisateurs peuvent être frustrés s'ils ne voient pas de résultats immédiats. Bien que les peptides puissent offrir des avantages significatifs, les effets peuvent prendre plusieurs semaines, voire plusieurs mois, pour devenir perceptibles.

Solution : La patience est la clé. Les peptides agissent progressivement, en particulier ceux qui ciblent la perte de graisse, la croissance musculaire ou les effets anti-âge. Respectez votre régime, suivez vos progrès et ajustez-vous au fur et à mesure. Si les résultats semblent stagner, consultez un professionnel de la santé pour discuter de la modification de votre posologie ou de votre pile.

Coût de la thérapie peptidique

Problème : Les peptides peuvent être coûteux, en particulier lorsque vous utilisez plusieurs peptides en pile ou sur de longues périodes. Pour certains utilisateurs, le coût peut être prohibitif.

Solution : Privilégiez les peptides qui correspondent le mieux à vos objectifs. Si le coût est une préoccupation, envisagez d'utiliser moins de peptides, mais de les recycler de manière plus stratégique pour obtenir des résultats. De plus, gardez un œil sur les fournisseurs réputés qui offrent des remises sur les achats en gros ou les programmes de fidélité.

Gestion des effets secondaires

Bien que les peptides soient généralement bien tolérés, certaines personnes peuvent ressentir des effets secondaires bénins comme des maux de tête, des nausées ou un gonflement au site d'injection.

Solution : Pour minimiser les effets secondaires, commencez par une faible dose et augmentez progressivement. Assurez-vous de suivre les techniques d'injection appropriées et de faire pivoter les sites d'injection pour éviter toute irritation. Si les effets secondaires persistent, consultez un professionnel de la santé pour évaluer s'il est nécessaire d'ajuster la posologie ou d'arrêter temporairement le peptide.

3.6 Erreurs courantes à éviter lors du démarrage des peptides

Commencer un traitement peptidique peut être excitant, mais il y a quelques erreurs courantes que les débutants commettent souvent, ce qui peut avoir un impact sur l'efficacité du traitement ou entraîner des effets secondaires inutiles. Voici quelques pièges à éviter :

- **Dosage incorrect :** L'une des erreurs les plus fréquentes est de prendre trop ou trop peu de peptide. Suivez toujours les recommandations posologiques de votre fournisseur de soins de santé ou les directives du produit. Prendre plus que ce qui est recommandé n'accélérera pas nécessairement les résultats et pourrait entraîner des effets secondaires tels que des maux de tête, de la fatigue ou des nausées.
- **Mauvais stockage : Les** peptides sont sensibles à la chaleur et à la lumière et doivent être stockés correctement pour maintenir leur puissance. Conservez toujours les peptides dans un endroit frais et sombre, et la plupart doivent être réfrigérés. S'ils ne sont pas correctement stockés, les peptides peuvent se dégrader, ce qui les rend moins efficaces, voire inutiles.
- **Sauter des doses :** La cohérence est essentielle lors de l'utilisation de peptides. Sauter des doses ou ne pas suivre le bon calendrier peut réduire l'efficacité du peptide. Pour obtenir les meilleurs résultats, suivez de près le schéma posologique recommandé et définissez des rappels si nécessaire.
- **Utiliser des sources non fiables :** Acheter des peptides auprès de fournisseurs non vérifiés ou de mauvaise qualité est une erreur risquée. Achetez toujours des peptides auprès d'entreprises réputées qui fournissent des tests par des tiers pour garantir la pureté et la sécurité du produit. L'utilisation de peptides de mauvaise qualité ou contrefaits peut entraîner des effets secondaires nocifs et un gaspillage d'argent.
- **Ignorer les directives de cyclisme :** Ne pas recycler correctement les peptides peut entraîner une réduction de l'efficacité et des effets secondaires potentiels au fil du temps. Suivez toujours les recommandations de cyclisme et donnez à votre corps le temps de se réinitialiser entre les cycles peptidiques.

CHAPITRE 4. SÉCURITÉ ET RÉGLEMENTATION

4.1 Sécurité des peptides : comprendre les effets secondaires et les risques

La thérapie peptidique est généralement considérée comme sûre, en particulier lorsque les peptides proviennent de fournisseurs réputés et sont administrés correctement. Cependant, comme tout traitement, les peptides peuvent avoir des effets secondaires, et il est important de comprendre les risques avant de commencer le traitement. La plupart des gens ressentent des effets secondaires minimes ou nuls lors de l'utilisation de peptides, mais les réactions individuelles peuvent varier en fonction de facteurs tels que le dosage, la méthode d'administration et le peptide spécifique utilisé.

Effets secondaires courants :

- **Réactions au point d'injection :** Les effets secondaires les plus courants sont des réactions bénignes au site d'injection, telles qu'une rougeur, un gonflement ou une irritation. Ces symptômes disparaissent généralement rapidement et ne sont pas préoccupants.

- **Maux de tête et fatigue :** Certains utilisateurs signalent des maux de tête ou de la fatigue, en particulier au début d'un traitement peptidique ou lors de la prise de doses plus élevées. Si cela se produit, il est conseillé de réduire la dose et de voir si les symptômes s'améliorent.

- **Nausées et problèmes digestifs :** Certains peptides, en particulier ceux qui affectent le métabolisme ou l'appétit (comme Semaglutide), peuvent provoquer des nausées ou des maux d'estomac. Dans la plupart des cas, ces effets secondaires diminuent à mesure que votre corps s'adapte au peptide.

- **Déséquilibres hormonaux : Les** peptides qui influencent les niveaux d'hormones, tels que les peptides libérant l'hormone de croissance, peuvent provoquer des déséquilibres hormonaux temporaires. Cela peut entraîner des symptômes tels que la rétention d'eau, des douleurs articulaires ou une augmentation de la faim. Si ces symptômes sont graves ou persistent, il est important d'ajuster la posologie ou de faire une pause dans le peptide pour permettre au corps de se réinitialiser.

Effets secondaires moins courants, mais graves :

- **Hyperpigmentation :** Les peptides comme **le Melanotan II**, qui stimulent la production de mélanine, peuvent provoquer des changements dans la pigmentation de la peau. Bien que cet effet soit souhaité pour le bronzage, dans de rares cas, il peut entraîner des teints inégaux ou des taches brunes.

- **Niveaux excessifs d'hormone de croissance : Une** utilisation excessive de peptides libérant de l'hormone de croissance peut entraîner des niveaux excessifs d'hormone de croissance, ce qui peut provoquer des effets secondaires tels qu'une augmentation du taux de sucre dans le sang, le syndrome du canal carpien ou une croissance anormale des tissus.

- **Réactions allergiques :** Bien que rares, certaines personnes peuvent avoir une réaction allergique aux peptides. Les symptômes peuvent inclure des éruptions cutanées, des démangeaisons ou des difficultés respiratoires. Dans de tels cas, cessez l'utilisation et consultez immédiatement un médecin.

Comment minimiser les risques :

- **Commencez par une faible dose :** Lorsque vous commencez un traitement peptidique, commencez toujours par la dose la plus faible recommandée et augmentez progressivement si nécessaire. Cela permet à votre corps de s'adapter et réduit le risque d'effets secondaires.

- **Surveillez votre corps :** Portez une attention particulière à la façon dont votre corps réagit au peptide. Si vous ressentez des effets secondaires, consultez un professionnel de la santé, ajustez votre dosage ou envisagez d'arrêter temporairement le peptide.
- **Consultez un médecin ou un professionnel de la santé :** Avant de commencer un régime peptidique, il est important de parler à un professionnel de la santé qui peut vous guider dans le choix du bon peptide, de la bonne posologie et de la bonne méthode d'administration.

4.2 Considérations juridiques et réglementaires relatives à l'utilisation des peptides

Le statut juridique des peptides varie en fonction du pays et du peptide spécifique en question. Certains peptides sont approuvés pour un usage médical, tandis que d'autres sont considérés comme expérimentaux ou ne sont pas réglementés, ce qui crée une zone grise lorsqu'il s'agit de les acheter et de les utiliser.

Ordonnance ou en vente libre

Dans de nombreux pays, certains peptides, tels que l'**insuline** ou **l'hormone de croissance** (somatropine), sont des médicaments uniquement délivrés sur ordonnance. Ces peptides sont régulés en raison de leurs effets puissants et de leur potentiel d'utilisation abusive. Par exemple, l'hormone de croissance est une substance contrôlée dans certains pays en raison de son association avec l'amélioration des performances dans le sport. D'autres peptides, en particulier les plus récents ou expérimentaux, peuvent ne pas encore être approuvés pour un usage thérapeutique par des organismes de réglementation tels que la **Food and Drug Administration (FDA) des États-Unis** ou l'**Agence européenne des médicaments (EMA).**

Règlements sportifs et antidopage

Les athlètes doivent être particulièrement prudents lorsqu'ils utilisent des peptides, car beaucoup sont interdits par des organisations sportives telles que l'Agence mondiale antidopage (AMA). Les peptides comme l'IGF-1, le LR3 ou CJC-1295 sont souvent interdits dans les sports de compétition, car ils peuvent fournir un avantage injuste en favorisant la croissance musculaire ou en améliorant la récupération. Si vous êtes un athlète de compétition, assurez-vous de consulter l'organisme directeur de votre sport ou de consulter la liste des substances interdites de l'AMA pour éviter les pénalités ou la disqualification.

Produits chimiques de recherche

De nombreux peptides sont vendus en ligne en tant que produits chimiques de recherche. Cela signifie qu'ils sont légalement disponibles à l'achat, mais qu'ils sont commercialisés à des fins de recherche uniquement, et non pour un usage humain. Cette classification permet aux entreprises de vendre des peptides qui n'ont pas été approuvés par les autorités réglementaires pour un usage médical ou thérapeutique. Bien que ces peptides puissent toujours être efficaces et sûrs lorsqu'ils sont utilisés correctement, leur achat comporte le risque que le produit ne réponde pas à des normes strictes de sécurité ou de pureté.

4.3 Peptides et FDA : état actuel de l'approbation

La **Food and Drug Administration (FDA) des États-Unis** a approuvé un nombre limité de peptides à usage médical, en particulier pour des affections telles que le diabète, le cancer et les carences hormonales. Cependant, de nombreux peptides disponibles sur le marché aujourd'hui ne sont pas approuvés par la

FDA, ce qui signifie qu'ils n'ont pas subi les tests cliniques rigoureux requis pour confirmer leur sécurité et leur efficacité pour un usage humain. Parmi les peptides qui ont reçu l'approbation de la FDA, citons l'insuline, le liraglutide, Semaglutide et le brémélanotide (PT-141).

Peptides expérimentaux

De nombreux peptides, y compris ceux utilisés pour l'anti-âge, la croissance musculaire et l'amélioration cognitive, ne sont toujours pas approuvés par la FDA. Cela ne signifie pas nécessairement qu'ils sont dangereux, mais cela signifie qu'ils n'ont pas été évalués dans des essais cliniques à grande échelle pour déterminer leur innocuité et leur efficacité à long terme. Parmi les peptides non approuvés, citons BPC-157, TB-500 , CJC-1295 et Ipamorelin.

CHAPITRE 5. PEPTIDES THÉRAPEUTIQUES ET UTILISATIONS

5.1 Peptides pour la perte de graisse

La perte de graisse est l'un des avantages les plus recherchés de la thérapie peptidique, et il existe plusieurs peptides spécialement conçus pour aider les gens à perdre de la graisse tout en préservant la masse musculaire maigre. Les peptides utilisés pour la perte de graisse agissent généralement en augmentant le métabolisme, en réduisant l'appétit ou en améliorant la capacité du corps à décomposer et à utiliser les graisses stockées.

Ipamorelin

Ipamorelin est un peptide sélectif de libération de l'hormone de croissance (GHRP) qui a gagné en popularité pour sa capacité à stimuler la production d'hormone de croissance (GH) dans le corps. Ipamorelin aide à favoriser la lipolyse (la dégradation des graisses) en augmentant la sécrétion d'hormone de croissance, ce qui améliore le métabolisme et aide à réduire la graisse corporelle. En tant que peptide relativement doux par rapport aux autres GHRP, Ipamorelin offre un avantage unique : elle déclenche la libération de l'hormone de croissance sans affecter de manière significative d'autres hormones comme le cortisol ou la prolactine. Cela en fait un excellent choix pour les personnes à la recherche de croissance musculaire, de perte de graisse et de récupération sans les effets secondaires d'une stimulation hormonale excessive.

Avantages

Perte de graisse : Ipamorelin aide à augmenter la lipolyse (dégradation des graisses) en favorisant la libération d'hormone de croissance, ce qui permet aux utilisateurs de brûler plus facilement les graisses tout en préservant les muscles.

Préservation musculaire : Tout en favorisant la perte de graisse, Ipamorelin aide à préserver la masse musculaire maigre, qui est souvent perdue pendant les régimes.

Amélioration du métabolisme : Ipamorelin stimule le taux métabolique, permettant au corps de brûler plus de calories même au repos, entraînant une perte de graisse soutenue au fil du temps.

Mode de livraison

Ipamorelin est administrée par injection sous-cutanée, généralement autour de l'abdomen.

Dosage et cycles recommandés

La posologie standard d'Ipamorelin est comprise entre **200 et 300 mcg par injection**, administrée 1 à 3 fois par jour. La plupart des utilisateurs commencent par une dose plus faible et augmentent progressivement en fonction de leur réponse au peptide.

Il est souvent utilisé par cycles de **8 à 12 semaines**, suivis d'une pause pour éviter la désensibilisation.

AOD-9604

AOD-9604 est un peptide qui a montré un potentiel significatif dans la perte de graisse. Il s'agit d'une forme modifiée d'une région spécifique de la molécule d'hormone de croissance humaine responsable du métabolisme des graisses. Contrairement à l'hormone de croissance, AOD-9604 n'augmente pas la résistance à l'insuline, ce qui en fait une option plus sûre pour les personnes ayant des problèmes métaboliques. AOD-9604 agit en imitant les effets brûleurs de graisse de l'hormone de croissance sans ses effets secondaires indésirables, tels que l'augmentation du taux de sucre dans le sang. Il a été utilisé pour aider les individus à perdre du poids, en particulier dans la réduction de la graisse corporelle.

Avantages

- **Favorise la dégradation des graisses** : AOD-9604 stimule la lipolyse, ce qui permet au corps de décomposer les graisses plus efficacement.

- **N'affecte pas la glycémie** : L'un des principaux avantages de AOD-9604 est sa capacité à favoriser la perte de graisse sans affecter le métabolisme de l'insuline ou du glucose, ce qui le rend adapté aux personnes souffrant de problèmes métaboliques comme le diabète.

- **Améliore la perte de poids** : L'utilisation régulière de AOD-9604 peut améliorer la perte de poids globale, en particulier dans les zones tenaces comme l'abdomen et les cuisses.

Mode d'administration et dosage

AOD-9604 est administré par injection sous-cutanée. La posologie typique pour la perte de graisse est **de 300 mcg par jour,** et il peut être utilisé pendant 12 à 16 semaines dans des cycles de perte de graisse.

Semaglutide

Semaglutide, développé à l'origine pour traiter le diabète de type 2, a attiré l'attention pour ses puissants effets de perte de graisse. Semaglutide est un agoniste du récepteur du glucagon-like peptide-1 (GLP-1) qui régule les niveaux d'insuline et de glucose. Cependant, l'un de ses avantages les plus importants est la suppression de l'appétit. Dans des études cliniques, il a été démontré que Semaglutide aide les individus à perdre du poids en réduisant leur appétit et en améliorant la capacité de leur corps à traiter les graisses. Ce peptide est devenu populaire pour la perte de poids, en particulier pour les personnes souffrant d'obésité ou celles qui recherchent un moyen sûr et non invasif de contrôler leur appétit et de perdre du poids. Semaglutide agit en ralentissant la vidange gastrique, ce qui permet aux individus de se sentir rassasiés plus longtemps, ce qui entraîne une réduction de l'apport calorique et une perte de poids.

Avantages

- **Suppression de l'appétit** : Semaglutide réduit la faim en ralentissant la digestion, aidant les utilisateurs à manger naturellement moins sans se sentir privés.

- **Amélioration de la perte de poids** : Des essais cliniques ont montré une perte de poids significative chez les personnes utilisant Semaglutide, ce qui en fait l'un des médicaments les plus efficaces pour la perte de poids.

- **Régulation de la glycémie** : En plus de favoriser la perte de poids, Semaglutide aide à réguler la glycémie, ce qui peut prévenir les pics de glucose et d'insuline, ce qui le rend particulièrement utile pour les personnes souffrant de résistance à l'insuline.

Mode d'administration et posologie recommandée

Semaglutide est administré par injection sous-cutanée, généralement une fois par semaine.

La dose initiale est **de 0,25 mg par semaine**, augmentant progressivement jusqu'à 1,0 mg par semaine selon la tolérance. Pour perdre du poids, le traitement est généralement poursuivi pendant 16 à 24 semaines, ou jusqu'à ce que le poids souhaité soit atteint.

Tirzepatide

Tirzepatide, un autre agoniste des récepteurs GLP-1, fonctionne de la même manière que Semaglutide mais cible à la fois les récepteurs GLP-1 et GIP (polypeptide insulinotrope dépendant du glucose). Cette double action rend Tirzepatide encore plus efficace pour la perte de graisse. Il améliore la sensibilité à l'insuline du corps, aide à réguler la glycémie et réduit considérablement l'appétit, entraînant une perte de graisse plus profonde que Semaglutide seul. Tirzepatide est devenu un peptide très recherché par les personnes qui cherchent à perdre des quantités importantes de poids tout en préservant la masse musculaire et en améliorant la santé métabolique globale. C'est l'un des peptides les plus récents utilisés pour l'obésité et la santé métabolique, offrant un contrôle supérieur de l'appétit et une réduction des graisses.

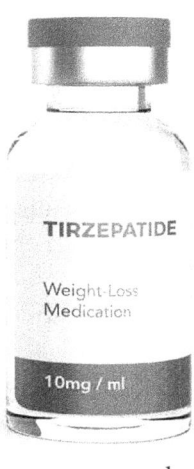

Avantages

Perte de graisse significative : Des études cliniques ont montré que Tirzepatide entraîne une perte de graisse plus importante par rapport aux agonistes standard des récepteurs GLP-1. Il augmente à la fois l'oxydation des graisses et la suppression de l'appétit, favorisant une réduction de poids rapide et durable.

Amélioration de la sensibilité à l'insuline : Tirzepatide améliore la sensibilité à l'insuline, ce qui en fait un peptide idéal pour les personnes souffrant de résistance à l'insuline ou de diabète de type 2.

Santé métabolique : Au-delà de la perte de poids, Tirzepatide soutient la santé métabolique globale en abaissant le taux de sucre dans le sang, en réduisant le cholestérol et en améliorant la santé cardiovasculaire.

Mode d'administration et posologie recommandée

Tirzepatide est injecté par voie sous-cutanée une fois par semaine, en commençant à **2,5 mg par semaine** et en augmentant progressivement jusqu'à **15 mg par semaine** en fonction des objectifs de tolérance et de perte de poids. Il est généralement utilisé par cycles de **16 à 24 semaines** pour une perte de graisse significative.

Tesofensine

Tesofensine est un inhibiteur de la recapture de la sérotonine-noradrénaline-dopamine (SNDRI) qui a été initialement développé comme traitement des maladies neurodégénératives comme la maladie d'Alzheimer et la maladie de Parkinson. Cependant, ses puissantes propriétés coupe-faim ont conduit à son développement en tant qu'agent de perte de poids. En augmentant les niveaux de neurotransmetteurs comme la sérotonine, la dopamine et la noradrénaline, Tesofensine réduit l'appétit et augmente le taux métabolique, entraînant une perte de poids.

Avantages

Suppression de l'appétit : La capacité de Tesofensine à augmenter les niveaux de sérotonine et de dopamine aide à réduire la faim, ce qui facilite le suivi d'un régime hypocalorique.

Perte de graisse : En augmentant le métabolisme et la dépense énergétique, Tesofensine aide le corps à brûler plus de calories tout au long de la journée, ce qui entraîne une perte de graisse.

Amélioration de l'humeur et de la motivation : L'augmentation des niveaux de dopamine peut améliorer l'humeur et la motivation, qui sont souvent des défis lors des parcours de perte de poids.

Mode d'administration et posologie recommandée

Tesofensine est prise par voie orale, la posologie recommandée étant de **0,5 mg par jour**. Pour perdre du poids, il est généralement cyclé pendant **12 à 16 semaines**, les utilisateurs surveillant tout effet secondaire cardiovasculaire, tel que l'augmentation de la fréquence cardiaque ou de la pression artérielle.

Tesamorelin

Tesamorelin est un analogue de l'hormone de libération de l'hormone de croissance (GHRH) qui stimule l'hypophyse à libérer plus d'hormone de croissance. Il a été utilisé principalement pour réduire la graisse viscérale chez les personnes atteintes de lipodystrophie associée au VIH, mais a depuis gagné en popularité pour sa capacité à réduire la graisse abdominale et à préserver la masse musculaire dans la population générale.

Avantages

- **Réduction de la graisse viscérale** : Tesamorelin cible spécifiquement la graisse viscérale, la graisse stockée autour des organes, qui est particulièrement dangereuse et difficile à perdre. Des études montrent des réductions significatives de la graisse abdominale chez les personnes utilisant Tesamorelin.

- **Préservation musculaire** : La Tesamoreline aide à préserver la masse musculaire maigre lors de la perte de poids, ce qui est souvent une préoccupation pour les personnes qui essaient de réduire la graisse sans perdre de muscle.

- **Amélioration du métabolisme** : En stimulant la libération d'hormone de croissance, Tesamorelin stimule le métabolisme, entraînant une perte de graisse tout en maintenant la masse musculaire.

Mode d'administration et posologie recommandée

Tesamorelin est administrée par injection sous-cutanée, généralement une fois par jour. La posologie typique est **de 2 mg par jour : 1 mg** la nuit, 90 minutes après le dernier repas de la journée et **1 mg** après le réveil.

Il est souvent cyclé pendant **12 à 16 semaines**. Une surveillance régulière de la glycémie est recommandée pendant l'utilisation.

MOTS-C

MOTS-C est un peptide dérivé des mitochondries qui joue un rôle important dans la régulation du métabolisme et la production d'énergie. Il améliore la capacité du corps à brûler les graisses en optimisant la fonction mitochondriale, ce qui en fait un peptide puissant pour la perte de poids et l'amélioration de la santé métabolique.

Avantages

Oxydation des graisses : MOTS-C stimule la fonction mitochondriale, ce qui augmente la capacité du corps à oxyder les graisses pour obtenir de l'énergie. Cela conduit à une perte de graisse accrue, en particulier pendant l'exercice.

Amélioration de la sensibilité à l'insuline : MOTS-C améliore la réponse de l'organisme à l'insuline, ce qui facilite la régulation de la glycémie et la réduction du stockage des graisses.

Augmentation des niveaux d'énergie : En améliorant l'efficacité mitochondriale, MOTS-C améliore les niveaux d'énergie globaux, ce qui facilite le maintien de l'activité physique et la routine d'exercice pendant la perte de poids.

Mode d'administration et dosage

MOTS-C est administré par injection sous-cutanée. La posologie recommandée est **de 10 mg par semaine**, généralement divisée en 2 à 3 injections. Il est couramment utilisé dans les cycles de perte de graisse de **12 à 16 semaines** pour de meilleurs résultats.

5-Amino 1MQ

5-Amino 1MQ est une petite molécule qui inhibe l'enzyme NNMT (nicotinamide N-méthyltransférase), qui joue un rôle dans le ralentissement du métabolisme. En inhibant le NNMT, 5-Amino 1MQ stimule le métabolisme cellulaire, ce qui entraîne une augmentation de la perte de graisse et une augmentation des niveaux d'énergie.

Avantages

- **Perte de graisse** : 5-Amino 1MQ aide à augmenter le taux métabolique en améliorant la capacité du corps à brûler les graisses au niveau cellulaire.
- **Amélioration des niveaux d'énergie** : Les utilisateurs signalent souvent une augmentation de l'énergie et de la vitalité en raison de la fonction cellulaire améliorée, ce qui facilite le maintien de l'activité physique pendant les programmes de perte de graisse.
- **Préservation de la masse maigre** : Tout en favorisant la perte de graisse, 5-Amino 1MQ aide à préserver la masse musculaire, ce qui est essentiel au maintien d'une composition corporelle saine.

Effets secondaires

- En raison de l'augmentation des niveaux d'énergie, certains utilisateurs peuvent avoir des difficultés à dormir s'ils sont pris tard dans la journée.

Mode d'administration et dosage

5-Amino 1MQ est pris par voie orale sous forme de capsules, la posologie recommandée étant **de 50 à 100 mg par jour**, divisés en deux doses. Il est généralement cyclé pendant **3 à 4 semaines** dans les programmes de perte de graisse, suivi d'une pause de 1 à 2 semaines.

5.2 Peptides pour la croissance et la performance musculaires

Les peptides conçus pour améliorer la croissance et les performances musculaires sont largement utilisés par les athlètes, les culturistes et les amateurs de fitness. Ces peptides aident à augmenter la masse musculaire, à accélérer la récupération et à améliorer les performances sportives globales en stimulant la libération d'hormone de croissance, en stimulant la synthèse des protéines et en réduisant la dégradation musculaire.

Sermorelin

Sermorelin est une version synthétique de l'hormone de libération de l'hormone de croissance (GHRH), spécialement conçue pour stimuler la glande pituitaire à produire et à libérer plus d'hormone de croissance. Contrairement à l'hormone de croissance humaine synthétique (HGH), qui introduit des hormones exogènes dans le corps, Sermorelin encourage le corps à augmenter sa propre production d'hormone de croissance, ce qui entraîne des effets plus naturels et durables.

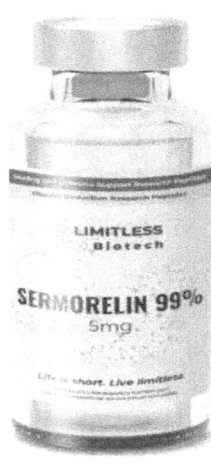

Sermorelin est connue pour être une alternative plus sûre à la thérapie à base de HGH car elle stimule les voies hormonales naturelles du corps, réduisant ainsi le risque de niveaux excessifs d'hormone de croissance et d'effets secondaires associés. Le peptide est souvent utilisé dans les protocoles anti-âge ainsi que dans les programmes de remise en forme et de performance.

Avantages

Favorise la croissance musculaire : En augmentant les niveaux d'hormone de croissance, Sermorelin améliore la synthèse des protéines musculaires, ce qui permet une récupération musculaire plus rapide et une augmentation de la masse musculaire maigre.

Augmentation de la récupération et de la guérison : Sermorelin peut accélérer considérablement les temps de récupération après des entraînements intenses ou des blessures, ce qui permet aux athlètes de s'entraîner plus fréquemment sans risque de surentraînement.

Perte de graisse et métabolisme : L'augmentation des niveaux d'hormone de croissance favorise également la lipolyse, la décomposition des graisses. Cela fait de la sermoreline un outil précieux pour réduire la graisse corporelle tout en maintenant ou en gagnant de la masse musculaire maigre.

Amélioration du sommeil et de la récupération : L'hormone de croissance atteint des pics pendant le sommeil profond, et Sermorelin aide les utilisateurs à obtenir un sommeil plus réparateur, ce qui entraîne une meilleure récupération globale et un rajeunissement physique.

Mode d'administration et posologie recommandée

Sermorelin est administrée par injection sous-cutanée, généralement avant le coucher, pour s'aligner sur les cycles naturels de libération de l'hormone de croissance du corps.

La posologie typique est **de 200 à 500 mcg par jour**, en fonction des objectifs et de l'état de santé général de l'utilisateur. Il est souvent cyclé pendant **12 à 16 semaines**, suivi d'une pause pour prévenir la désensibilisation.

BPC-157

BPC-157 (Body Protection Compound 157) est un peptide puissant connu pour sa capacité à favoriser la réparation des muscles et des tissus. Il s'agit d'un peptide dérivé d'une protéine présente dans le suc gastrique.

Bien qu'il ne soit pas directement lié à la croissance musculaire, BPC-157 accélère la récupération des blessures et des lésions musculaires, permettant aux athlètes de reprendre leur entraînement plus rapidement. Il agit en favorisant la guérison des tissus endommagés, en améliorant le flux sanguin vers les zones blessées et en réduisant l'inflammation. Cela rend BPC-157 particulièrement utile pour toute personne se remettant de déchirures musculaires, de blessures aux tendons ou de problèmes articulaires.

Ce qui rend BPC-157 particulièrement unique, c'est sa capacité à augmenter le flux sanguin vers les zones endommagées, à favoriser l'angiogenèse (la formation de nouveaux vaisseaux sanguins) et à accélérer le processus de guérison des blessures aiguës et chroniques.

Avantages

Réparation accélérée des muscles et des tissus : BPC-157 stimule la réparation des fibres musculaires, des tendons et des ligaments endommagés, réduisant considérablement les temps de récupération des blessures.

Guérison des articulations et des ligaments : En plus de la réparation musculaire, BPC-157 favorise la guérison des tendons et des ligaments, qui sont notoirement lents à guérir. Cela peut aider à prévenir les problèmes chroniques et à améliorer la mobilité et la flexibilité des articulations.

Santé intestinale et inflammation : BPC-157 a d'abord été étudié pour ses effets sur la santé intestinale, en particulier pour guérir les ulcères et réduire l'inflammation du tube digestif. Ses propriétés anti-inflammatoires s'étendent à l'ensemble du corps, ce qui le rend utile pour réduire la douleur chronique et l'inflammation des muscles et des articulations.

Amélioration de la récupération après les séances d'entraînement : En favorisant une réparation plus rapide des tissus et en réduisant l'inflammation, BPC-157 permet aux utilisateurs de récupérer plus rapidement après des séances d'entraînement intenses, ce qui permet des entraînements plus fréquents et plus productifs.

Mode d'administration et posologie recommandée

BPC-157 est administré par injection sous-cutanée, généralement près du site de la blessure ou de l'inconfort. Pour une cicatrisation systémique, des injections peuvent être faites dans la région abdominale. La posologie typique est **de 200 à 500 mcg par injection**, administrée une ou deux fois par jour, en fonction de la gravité de la blessure et des objectifs de l'utilisateur.

Durée du cycle : BPC-157 peut être utilisé pendant des périodes de **4 à 12 semaines**, selon la gravité de la blessure et la progression de la guérison. Les utilisateurs doivent faire une pause après chaque cycle pour éviter la désensibilisation.

TB-500

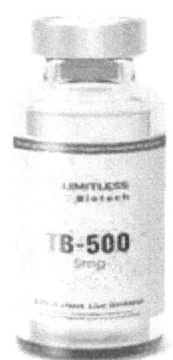

TB-500 est une version synthétique d'un peptide naturel appelé Thymosin Beta-4, que l'on trouve dans presque toutes les cellules humaines. Sa fonction principale est de favoriser la réparation et la régénération des tissus en augmentant la migration et la différenciation cellulaires. TB-500 est particulièrement connu pour sa capacité à guérir les blessures dans les muscles, les tendons, les ligaments et même les organes. Il est couramment utilisé dans le sport et le fitness pour ses remarquables propriétés d'amélioration de la récupération et sa capacité à réduire l'inflammation.

Il joue un rôle important dans l'angiogenèse (la formation de nouveaux vaisseaux sanguins), la cicatrisation des plaies et la réduction de l'accumulation de tissu cicatriciel. Cela le rend particulièrement précieux pour les athlètes et les personnes qui se remettent de blessures physiques, d'interventions chirurgicales ou d'une inflammation chronique. Il aide également à améliorer la flexibilité et la mobilité en facilitant la guérison des tendons et des ligaments, qui sont lents à se réparer naturellement.

Avantages

Récupération accélérée des blessures : TB-500 favorise une guérison plus rapide en encourageant la migration des cellules vers le site de la blessure. Il soutient la réparation des muscles, des tendons, des ligaments et même du système cardiovasculaire. Cela permet d'accélérer les temps de récupération pour les blessures aiguës et chroniques.

Amélioration de la flexibilité et de la mobilité : TB-500 aide à la guérison des tendons et des ligaments, ce qui peut améliorer la flexibilité des articulations et l'amplitude des mouvements.

Réduction de l'inflammation : TB-500 possède de puissantes propriétés anti-inflammatoires qui aident à réduire l'enflure, la douleur et l'inflammation dans les blessures aiguës et les maladies chroniques comme l'arthrite. Cela permet aux utilisateurs de guérir plus rapidement et avec moins d'inconfort.

Santé cardiovasculaire : En favorisant l'angiogenèse et la régénération des tissus, TB-500 peut également favoriser la santé cardiovasculaire en améliorant la circulation sanguine et en guérissant les vaisseaux sanguins endommagés.

Mode de livraison

TB-500 est administré par injection sous-cutanée, les utilisateurs injectant généralement le peptide près du site de la blessure pour des effets localisés. Pour une récupération globale, des injections peuvent être administrées dans la région abdominale.

Dosage et cycles recommandés

La posologie typique du TB-500 varie de **2 à 5 mg par semaine**, divisée en **2 à 3 injections**. Pour les utilisateurs qui cherchent à accélérer la récupération, la phase de charge consiste généralement en 4 **à 5 mg par semaine** pendant les **4 à 6 premières semaines**.

- **Phase d'entretien** : Après la phase de charge initiale, la dose peut être réduite à **2 à 3 mg par semaine** pour maintenir les effets du peptide et continuer à favoriser la récupération.

Les cycles du TB-500 durent généralement entre **4 et 8 semaines**, en fonction de la gravité de la blessure et des besoins de récupération de l'utilisateur.

IGF-1 LR3

IGF-1 LR3 (Insulin-like Growth Factor-1 Long R3) est un peptide qui favorise directement la croissance musculaire. L'IGF-1 est une hormone naturellement produite par le foie en réponse à la stimulation de l'hormone de croissance. Il est responsable de nombreux effets anabolisants de l'hormone de croissance, tels que l'augmentation de la synthèse des protéines et la promotion de la prolifération des cellules musculaires.

IGF-1 LR3 est une version modifiée de l'IGF-1 avec une demi-vie plus longue, ce qui lui permet de rester actif dans l'organisme pendant une période prolongée. Cela signifie que les utilisateurs connaissent une croissance musculaire et une perte de graisse plus soutenues. Les athlètes et les culturistes utilisent couramment IGF-1 LR3 pour développer leur masse musculaire, améliorer leur force et améliorer leurs performances physiques globales. Il augmente également la synthèse des protéines et favorise l'absorption des acides aminés dans les cellules, améliorant ainsi la croissance et la récupération musculaires.

Avantages

Croissance musculaire et hypertrophie : IGF-1 LR3 favorise une croissance musculaire importante en augmentant la taille et le nombre de fibres musculaires. Il active les cellules satellites, qui sont essentielles à la réparation musculaire et à l'hypertrophie, ce qui en fait un choix populaire parmi les bodybuilders et les athlètes qui cherchent à maximiser les gains musculaires.

Récupération améliorée : IGF-1 LR3 accélère la récupération en favorisant la synthèse des protéines et la réparation des tissus endommagés. Cela permet aux athlètes de récupérer plus rapidement après des séances d'entraînement intenses, réduisant ainsi les temps d'arrêt et le risque de blessure.

Amélioration de la force et des performances : En augmentant la masse musculaire et en favorisant la récupération, IGF-1 LR3 améliore la force globale et les performances athlétiques, ce qui le rend idéal pour la musculation et les sports de compétition.

Perte de graisse : IGF-1 LR3 a également des propriétés de combustion des graisses, car il augmente le métabolisme et favorise la dégradation des réserves de graisse pour l'énergie. Cela aide les utilisateurs à obtenir un physique plus mince tout en développant leurs muscles.

Mode d'administration et dosage

IGF-1 LR3 est généralement administré par injection sous-cutanée ou intramusculaire. En raison de sa demi-vie plus longue par rapport à l'IGF-1 ordinaire, moins d'injections sont nécessaires pour maintenir des niveaux stables.

Dosage : La posologie standard varie de **20 à 100 mcg par jour**, les débutants commençant par le bas pour évaluer la tolérance. Les utilisateurs plus expérimentés peuvent augmenter la dose au besoin pour favoriser une plus grande croissance musculaire.

- **Durée du cycle** : IGF-1 LR3 est généralement cyclique pendant **4 à 6 semaines**, suivie d'une pause pour éviter les effets secondaires potentiels et permettre aux niveaux naturels d'IGF-1 du corps de revenir à la normale.

DSIP

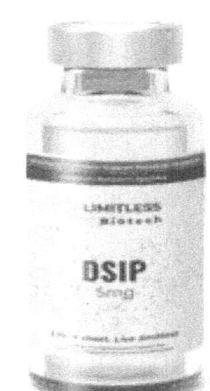

DSIP, ou Peptide inducteur du sommeil Delta, est un neuropeptide connu pour sa capacité à favoriser un sommeil réparateur, en particulier le sommeil profond, essentiel à la récupération et à la réparation des tissus. Découvert dans les années 1970, DSIP a attiré l'attention pour son potentiel à améliorer la qualité du sommeil, à réduire le stress et à favoriser la récupération chez les athlètes et les personnes souffrant de troubles du sommeil. Contrairement aux somnifères traditionnels, DSIP agit en régulant le cycle veille-sommeil et en améliorant les mécanismes naturels de sommeil du corps, plutôt qu'en sédatif de l'utilisateur.

Le sommeil joue un rôle essentiel dans la récupération, en particulier pour ceux qui s'entraînent physiquement intensivement ou qui se remettent de blessures. La capacité du DSIP à favoriser un sommeil profond et réparateur le rend particulièrement précieux pour les athlètes et les personnes qui cherchent à optimiser la récupération musculaire, la croissance et la santé globale.

Avantages

Qualité du sommeil : DSIP favorise un sommeil plus profond et plus réparateur en régulant le rythme circadien du corps et en encourageant l'apparition d'un sommeil à ondes lentes (sommeil profond). Cela permet de récupérer et réduit le risque de troubles du sommeil.

Amélioration de la récupération : Étant donné que le corps libère la majorité de l'hormone de croissance pendant le sommeil profond, DSIP améliore indirectement la récupération et la croissance musculaires en favorisant de meilleurs cycles de sommeil. Ceci est particulièrement bénéfique pour les athlètes qui ont besoin d'une récupération optimale après un entraînement intense.

Réduction du stress : Il a été démontré que DSIP réduit les niveaux de stress et d'anxiété, ce qui peut interférer avec la qualité du sommeil et la récupération. En favorisant la relaxation, DSIP aide les individus à s'endormir plus facilement et à rester endormis plus longtemps.

Mode d'administration et posologie recommandée

DSIP est administré par injection sous-cutanée,

Posologie : La posologie standard de DSIP est de **100 à 200 mcg par jour**, administrée environ 30 à 60 minutes avant le coucher.

- **Durée du cycle** : DSIP peut être utilisé de manière continue pendant plusieurs semaines ou mois, bien qu'il soit souvent cyclé pendant **4 à 6 semaines**.

GHRP-2

GHRP-2 (peptide de libération de l'hormone de croissance-2) est un puissant sécrétagogue de l'hormone de croissance qui stimule la glande pituitaire à libérer plus d'hormone de croissance (GH). C'est l'un des GHRP les plus puissants disponibles et il est largement utilisé pour favoriser la croissance musculaire, la perte de graisse et la récupération. GHRP-2 agit en imitant les effets de la ghréline, une hormone stimulant la faim, et en se liant à des récepteurs spécifiques de la glande pituitaire, entraînant une augmentation de la sécrétion d'hormone de croissance.

Avantages

Augmentation des niveaux d'hormone de croissance : GHRP-2 stimule considérablement la libération d'hormone de croissance, ce qui entraîne la croissance musculaire, une meilleure récupération et une force accrue.

Croissance musculaire et récupération : Des niveaux plus élevés d'hormone de croissance favorisent la synthèse des protéines musculaires et la réparation des tissus, ce qui permet aux utilisateurs de récupérer plus rapidement après des séances d'entraînement intenses et de développer une masse musculaire maigre.

Perte de graisse : Le GHRP-2 favorise la dégradation des graisses en augmentant le taux métabolique du corps et en encourageant l'utilisation des graisses stockées pour l'énergie. Cela en fait un peptide efficace pour améliorer la composition corporelle.

Amélioration du sommeil : Comme de nombreux peptides libérant des hormones de croissance, le GHRP-2 améliore la qualité du sommeil, en particulier le sommeil profond, qui est essentiel à la récupération musculaire et à la santé globale.

Mode d'administration et dosage

GHRP-2 est administré par injection sous-cutanée, généralement dans la région abdominale. Il peut également être utilisé en combinaison avec d'autres peptides comme CJC-1295 pour maximiser la libération d'hormone de croissance.

- **Posologie** : La posologie recommandée est **de 100 à 300 mcg par injection**, prise 1 à 3 fois par jour. Pour de meilleurs résultats, les injections doivent être prises à jeun pour éviter d'interférer avec l'insuline.

- **Durée du cycle** : Le GHRP-2 est généralement cyclé pendant **8 à 12 semaines**, suivi d'une pause.

GHRP-6

GHRP-6 (peptide de libération de l'hormone de croissance-6) est un autre sécrétagogue puissant de l'hormone de croissance qui stimule la libération d'hormone de croissance par l'hypophyse. Comme le GHRP-2, le GHRP-6 imite les effets de la ghréline, une hormone qui régule la faim et stimule la libération de GH. Cependant, le GHRP-6 est souvent préféré pour sa plus grande capacité à augmenter l'appétit, ce qui en fait un choix populaire parmi les personnes qui cherchent à gagner de la masse musculaire et à améliorer la récupération.

Le GHRP-6 est couramment utilisé dans les programmes de renforcement musculaire, car il favorise la croissance musculaire, la récupération et favorise la perte de graisse.

Avantages

Augmentation de la libération d'hormone de croissance : GHRP-6 déclenche une libération importante d'hormone de croissance, ce qui favorise la croissance musculaire, la perte de graisse et une récupération plus rapide.

Croissance et réparation musculaires : En augmentant les niveaux d'hormone de croissance, le GHRP-6 améliore la synthèse des protéines musculaires et la réparation des tissus, permettant aux utilisateurs de récupérer plus rapidement et de développer leur masse musculaire maigre.

Augmentation de l'appétit : L'un des principaux avantages du GHRP-6 est sa capacité à stimuler l'appétit, ce qui le rend idéal pour les personnes qui ont du mal à consommer suffisamment de calories pour la croissance musculaire.

Perte de graisse : Le GHRP-6 favorise la lipolyse (dégradation des graisses), ce qui en fait un outil utile pour améliorer la composition corporelle en réduisant la graisse tout en augmentant la masse musculaire.

Amélioration du sommeil : Le GHRP-6 améliore la qualité du sommeil, en particulier le sommeil profond, qui est essentiel à la récupération musculaire et à la santé globale.

Mode d'administration et dosage

Le GHRP-6 est administré par injection sous-cutanée, généralement 1 à 3 fois par jour. Il est souvent utilisé en combinaison avec d'autres peptides pour améliorer la croissance musculaire et la récupération.

Dosage : La posologie typique est **de 100 à 300 mcg par injection**, prise 1 à 3 fois par jour. Pour des résultats optimaux, le GHRP-6 doit être administré à jeun, car les aliments (en particulier les glucides et les graisses) peuvent interférer avec ses effets.

Durée du cycle : Le GHRP-6 est généralement cyclé pendant **8 à 12 semaines**, suivi d'une pause.

Hexarelin

Hexarelin est l'un des GHRP les plus puissants disponibles, connu pour sa forte capacité à stimuler la libération d'hormone de croissance. Il s'agit d'un peptide synthétique qui imite les effets de la ghréline et se lie à des récepteurs spécifiques de l'hypophyse, provoquant une augmentation des niveaux d'hormone de croissance. Hexarelin est souvent utilisée pour la croissance musculaire, la récupération et la perte de graisse, mais elle présente également des avantages uniques pour la santé cardiovasculaire.

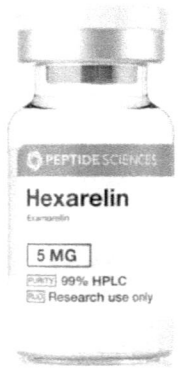

L'une des caractéristiques distinctives de Hexarelin est sa puissance, car elle peut provoquer une libération plus prononcée et plus soutenue d'hormone de croissance par rapport à d'autres GHRP comme GHRP-2 ou GHRP-6. Cela le rend très efficace pour les personnes à la recherche d'une croissance musculaire et d'une récupération rapides, bien qu'il doive être utilisé avec prudence en raison de sa puissance.

Avantages

Libération significative d'hormone de croissance : Hexarelin est connue pour sa puissante capacité à stimuler la libération d'hormone de croissance, ce qui entraîne une augmentation de la croissance musculaire, une perte de graisse et une récupération améliorée.

Croissance et réparation musculaires : En favorisant des niveaux plus élevés d'hormone de croissance, Hexarelin améliore la synthèse des protéines musculaires et accélère la réparation des tissus.

Perte de graisse : Hexarelin favorise le métabolisme des graisses en augmentant le taux métabolique du corps et en encourageant la dégradation des réserves de graisse pour l'énergie. Cela aide les utilisateurs à obtenir un physique plus mince tout en développant leurs muscles.

Amélioration de la santé cardiovasculaire : Hexarelin a montré des avantages potentiels pour la santé cardiovasculaire en améliorant la fonction cardiaque et en réduisant le risque de problèmes cardiaques. Il favorise la guérison des tissus cardiaques et peut favoriser la récupération chez les personnes atteintes de maladies cardiovasculaires.

Mode d'administration et dosage

Hexarelin est administrée par injection sous-cutanée. En raison de sa puissance, des doses plus faibles sont souvent recommandées pour ceux qui débutent dans les GHRP.

Posologie : La posologie recommandée est **de 100 à 200 mcg par injection**, prise 1 à 2 fois par jour. En raison de ses effets puissants sur la libération d'hormone de croissance, des doses plus faibles sont souvent suffisantes pour obtenir les résultats souhaités.

Durée du cycle : Hexarelin est généralement cyclée pendant **4 à 6 semaines**, suivie d'une pause.

PEG-MGF

PEG-MGF (Pegylated Mechano Growth Factor) est une version modifiée de l'IGF-1 qui est principalement responsable de la réparation et de la régénération des tissus musculaires après un exercice intense. Le facteur de croissance mécano (MGF) est naturellement produit dans le corps en réponse à des lésions musculaires ou à une surcharge mécanique (comme l'haltérophilie). PEG-MGF est une forme pégylée de MGF, ce qui signifie qu'il a été modifié pour avoir une demi-vie plus longue, ce qui lui permet de rester actif dans la circulation sanguine plus longtemps et de favoriser une croissance et une réparation musculaires plus soutenues.

Avantages

Réparation musculaire : PEG-MGF favorise la réparation et la régénération des tissus musculaires après des dommages induits par l'exercice, ce qui permet une récupération plus rapide et une croissance musculaire plus importante.

Croissance musculaire et hypertrophie : En activant les cellules satellites (les précurseurs des cellules musculaires), PEG-MGF favorise la croissance de nouvelles fibres musculaires, ce qui entraîne une augmentation de la taille et de la force musculaires.

Amélioration de la récupération : PEG-MGF réduit les temps de récupération après des séances d'entraînement intenses, ce qui permet aux athlètes de s'entraîner plus fréquemment sans surentraînement ni risque de blessure.

Demi-vie plus longue : La demi-vie plus longue du MGF permet des effets plus durables sur la croissance musculaire et la récupération.

Mode d'administration et dosage

PEG-MGF est généralement administré par injection sous-cutanée ou intramusculaire, selon les préférences et les objectifs de l'utilisateur.

Posologie : La posologie recommandée pour PEG-MGF est **de 200 à 400 mcg par injection**, prise **2 à 3 fois par semaine**. Il est souvent injecté après l'entraînement pour maximiser ses effets sur la réparation musculaire et la récupération.

Durée du cycle : PEG-MGF est généralement cyclé pendant **4 à 6 semaines**, avec une pause.

MK-677

MK-677, également connu sous le nom d'Ibutamoren, est un sécrétagogue de l'hormone de croissance active par voie orale qui imite l'action de la ghréline, une hormone de la faim, et stimule la libération de l'hormone de croissance (GH) et du facteur de croissance analogue à l'insuline 1 (IGF-1). Contrairement à de nombreux autres peptides qui nécessitent des injections, MK-677 offre la commodité de l'administration orale.

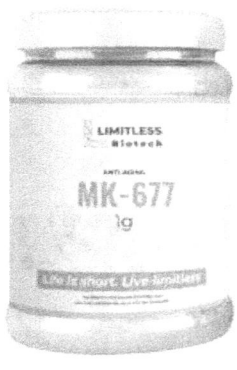

MK-677 est unique en ce sens qu'il stimule la libération d'hormone de croissance sans affecter de manière significative le cortisol ou d'autres hormones de stress, ce qui en fait une option plus sûre et plus équilibrée pour une utilisation à long terme. Sa capacité à maintenir des niveaux constants d'hormone de croissance pendant 24 heures après une dose unique le rend très efficace pour la construction musculaire et la réduction.

Avantages

Croissance musculaire et hypertrophie : MK-677 augmente la libération d'hormone de croissance et d'IGF-1, deux éléments nécessaires à la synthèse des protéines musculaires et à l'hypertrophie musculaire.

Perte de graisse : En favorisant la dégradation de la graisse stockée pour l'énergie (lipolyse) et en augmentant le taux métabolique, MK-677 aide à réduire la graisse corporelle tout en préservant la masse musculaire. Sa capacité à améliorer la composition corporelle le rend populaire pour les phases de gonflement et de coupe.

Récupération : L'hormone de croissance joue un rôle clé dans la réparation et la récupération des tissus. MK-677 aide à la récupération après des entraînements intenses en accélérant la réparation musculaire, en réduisant les douleurs musculaires et en améliorant le temps de récupération global.

Amélioration de la densité osseuse : Il a été démontré que MK-677 augmente la densité osseuse, ce qui est important pour les athlètes et les personnes vieillissantes qui cherchent à maintenir des os solides et sains.

Augmentation de l'appétit : En raison de ses effets imitant la ghréline, MK-677 augmente l'appétit, ce qui peut être bénéfique pour les personnes qui essaient de consommer plus de calories pour la croissance musculaire.

Mode d'administration et dosage

MK-677 est pris par voie orale, généralement sous forme de gélules ou de comprimés. Cela en fait l'un des peptides les plus pratiques pour les utilisateurs qui préfèrent éviter les injections.

Dosage : La posologie recommandée de MK-677 est de **10 à 25 mg par jour**. Les débutants commencent généralement par une dose plus faible (10 mg) et augmentent progressivement en fonction de leur tolérance et des effets souhaités.

Durée du cycle : MK-677 est souvent utilisé pendant **8 à 12 semaines**, bien que certains utilisateurs prolongent leurs cycles à **16 semaines** pour une croissance musculaire et une perte de graisse plus importantes.

Ipamorelin

Ipamorelin est un peptide sélectif de libération de l'hormone de croissance (GHRP) qui stimule la libération d'hormone de croissance par l'hypophyse sans affecter de manière significative d'autres hormones comme le cortisol ou la prolactine. C'est l'un des GHRP les plus doux et les mieux tolérés, ce qui en fait un choix populaire pour les personnes cherchant à augmenter les niveaux d'hormone de croissance pour la croissance musculaire, la perte de graisse et la récupération améliorée avec des effets secondaires minimes.

Contrairement à d'autres GHRP qui peuvent entraîner des pics d'hormones de stress ou de faim, Ipamorelin fournit une libération plus ciblée et contrôlée de l'hormone de croissance. Cela le rend particulièrement précieux pour les athlètes et les personnes à la recherche d'améliorations progressives et durables de la croissance et de la récupération musculaires sans risque de déséquilibres hormonaux.

Avantages

Croissance musculaire et récupération : Ipamorelin favorise la synthèse des protéines musculaires et aide à la réparation des tissus en augmentant les niveaux d'hormone de croissance.

Perte de graisse : L'hormone de croissance joue un rôle clé dans le métabolisme des graisses, et Ipamorelin améliore la lipolyse (dégradation des graisses) en stimulant la libération d'hormone de croissance. Cela conduit à une amélioration de la composition corporelle, avec une réduction de la graisse corporelle et la préservation de la masse musculaire maigre.

Aucun impact sur le cortisol ou la prolactine : L'un des principaux avantages de Ipamorelin par rapport aux autres GHRP est son absence d'effet significatif sur les niveaux de cortisol et de prolactine, ce qui signifie moins d'effets secondaires comme un stress accru ou des fluctuations hormonales indésirables.

Mode d'administration et posologie recommandée

Ipamorelin est administrée par injection sous-cutanée, généralement dans la région abdominale.

Dosage : La posologie standard d'Ipamorelin est de **200 à 300 mcg par injection**, prise **1 à 3 fois par jour**. Pour la plupart des utilisateurs, il suffit de commencer par une injection quotidienne, des doses plus élevées étant réservées aux personnes recherchant une libération plus prononcée d'hormone de croissance.

Durée du cycle : Ipamorelin est couramment utilisée par cycles de **8 à 12 semaines**, suivis d'une pause.

CJC-1295

CJC-1295 est un analogue de l'hormone de libération de l'hormone de croissance (GHRH) à action prolongée qui stimule la libération d'hormone de croissance par l'hypophyse. Il est connu pour sa capacité à fournir une libération soutenue d'hormone de croissance au fil du temps, ce qui en fait un peptide puissant pour la croissance musculaire, la perte de graisse et les bienfaits anti-âge. La longue demi-vie du peptide signifie que les utilisateurs peuvent bénéficier d'une libération continue d'hormone de croissance sans injections fréquentes, ce qui en fait une option pratique pour une utilisation à long terme.

Avantages

Libération d'hormone de croissance : CJC-1295 fournit une libération prolongée d'hormone de croissance sur plusieurs jours, réduisant ainsi le besoin d'injections fréquentes. Cette libération prolongée favorise la croissance musculaire, le métabolisme des graisses et la récupération physique globale.

Croissance musculaire : En augmentant les niveaux d'hormone de croissance, CJC-1295 aide à stimuler la synthèse des protéines musculaires et la réparation des tissus, ce qui en fait un choix populaire pour les bodybuilders et les athlètes cherchant à améliorer la masse musculaire et la récupération.

Perte de graisse : L 'hormone de croissance joue un rôle clé dans le métabolisme des graisses, et CJC-1295 favorise la perte de graisse en favorisant la lipolyse. Les utilisateurs signalent souvent une diminution de la graisse corporelle, en particulier dans les zones tenaces comme l'abdomen et les cuisses.

Anti-âge : La capacité du CJC-1295 à augmenter les niveaux d'hormone de croissance aide à réduire les signes visibles du vieillissement, tels que les rides et le relâchement cutané. Il soutient également la production de collagène, ce qui améliore l'élasticité de la peau et la santé globale de la peau.

Posologie recommandée

CJC-1295 est administré par **injection sous-cutanée**.

La posologie standard du CJC-1295 est **de 100 à 200 mcg (1 mg)** par injection, administrée **1 à 2 fois par semaine**. Le peptide est souvent utilisé par cycles de 8 à 12 semaines, suivis d'une pause.

5.3 Peptides pour la santé du cerveau et les performances cognitives

La santé du cerveau et les performances cognitives sont devenues un domaine de recherche de plus en plus populaire en thérapie peptidique, car de nombreuses personnes recherchent des moyens de stimuler la mémoire, la concentration et la fonction cérébrale globale. Les peptides de cette catégorie sont conçus pour améliorer la clarté mentale, soutenir la santé des neurones et améliorer les performances cognitives, ce qui les rend utiles pour tout le monde, des étudiants et des professionnels aux personnes âgées préoccupées par le déclin cognitif.

Semax

Semax est un peptide synthétique dérivé de l'hormone adrénocorticotrope (ACTH) mais sans aucune activité hormonale. Développé en Russie dans les années 1980 pour ses propriétés neuroprotectrices et cognitives, Semax a gagné en popularité pour sa capacité à améliorer les fonctions cérébrales, à améliorer la mémoire et à promouvoir la neuroplasticité.

Il est largement utilisé pour l'amélioration cognitive, la régulation de l'humeur et dans le traitement de diverses affections neurologiques. Il a également été utilisé pour traiter des affections telles que le TDAH et la dépression, grâce à ses propriétés neuroprotectrices et à sa capacité à réguler les niveaux de dopamine.

Semax est considéré comme un nootropique, ce qui signifie qu'il améliore la fonction cognitive, en particulier dans des domaines tels que la mémoire, l'apprentissage et la clarté mentale. Il est également noté pour sa capacité à augmenter la production de facteur neurotrophique dérivé du cerveau (BDNF), une protéine qui soutient la croissance, le développement et l'entretien des neurones.

Avantages

Performance cognitive : Semax est connu pour améliorer la rétention de la mémoire, les capacités d'apprentissage et la clarté mentale globale. Il améliore les performances cognitives chez les individus en bonne santé et ceux souffrant de déclin cognitif.

Neuroprotection : En augmentant les niveaux de BDNF, Semax soutient la santé et la croissance des neurones, protégeant le cerveau des dommages causés par le stress, les toxines ou les affections neurologiques.

Régulation de l'humeur : Il a été démontré que Semax régule l'humeur et réduit les symptômes de l'anxiété et de la dépression. Il favorise un sentiment de bien-être et de stabilité émotionnelle en modulant les niveaux de dopamine et de sérotonine dans le cerveau.

Concentration et vigilance : Les utilisateurs signalent souvent une amélioration de la concentration, de l'attention et de l'énergie mentale lors de l'utilisation de Semax, ce qui en fait un peptide idéal pour les personnes ayant besoin de rester alertes et affûtées pendant de longues périodes.

Mode d'administration et posologie recommandée

Semax est le plus souvent administré par voie intranasale, ce qui permet une absorption rapide dans le cerveau. Il peut également être injecté par voie sous-cutanée, bien que l'administration nasale soit préférée pour les avantages cognitifs.

Dosage : La dose nasale typique de Semax est de **100 à 300 mcg par pulvérisation**, utilisé **1 à 2 fois par jour**. Une pulvérisation dans chaque narine une ou deux fois par jour est souvent suffisante.

Vous aurez besoin de 300 mcg de Semax par pulvérisation si votre flacon contient 30 mg de Semax dans une solution de 10 ml.

Posologie de **100 à 300 mcg** une fois par jour en cas d'injection **sous-cutanée**.

Durée du cycle : Semax peut être utilisé en continu pendant **2 à 4 semaines**, suivi d'une pause. Il peut également être utilisé par intermittence, en fonction des besoins cognitifs ou de l'humeur de l'utilisateur.

Selank

Selank est un peptide synthétique dérivé du peptide naturel tuftsin, qui joue un rôle dans la fonction immunitaire. Développé en Russie, Selank est principalement utilisé pour ses propriétés anxiolytiques (anti-anxiété) et cognitives. Il a été démontré qu'il réduit l'anxiété, améliore l'humeur et améliore les performances cognitives sans provoquer la sédation ou la dépendance associées aux anxiolytiques traditionnels.

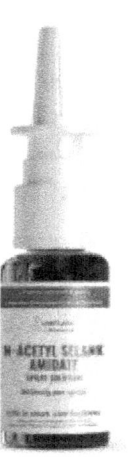

Selank module les niveaux de neurotransmetteurs dans le cerveau, en particulier la sérotonine, la dopamine et la noradrénaline, qui sont tous impliqués dans la régulation de l'humeur, du stress et de la fonction cognitive. Cela en fait un peptide précieux pour les personnes qui cherchent à améliorer la clarté mentale, à réduire l'anxiété et à améliorer leur sentiment général de bien-être.

Avantages

Réduit l'anxiété : Selank est très efficace pour réduire les symptômes de l'anxiété et promouvoir la stabilité émotionnelle sans les effets sédatifs des médicaments anti-anxiété traditionnels. Il calme l'esprit tout en permettant aux utilisateurs de rester alertes et concentrés.

Fonction cognitive : En plus de ses propriétés anxiolytiques, Selank améliore les performances cognitives, en particulier dans les domaines de la mémoire, de l'apprentissage et de la concentration. Il est souvent utilisé par les personnes cherchant à améliorer la clarté mentale et l'endurance cognitive.

Stabilisation de l'humeur : Il a été démontré que Selank stabilise l'humeur et réduit les symptômes de la dépression. En régulant les niveaux de sérotonine et de dopamine, il favorise un sentiment de calme et d'équilibre émotionnel.

Soutien du système immunitaire : Il est intéressant de noter que Selank a également des effets immunomodulateurs, soutenant le système immunitaire et aidant le corps à répondre plus efficacement au stress.

Risques et effets secondaires

Selank est bien toléré et présente un faible risque d'effets secondaires, ce qui en fait une option attrayante pour les personnes à la recherche de solutions anxiolytiques naturelles et d'amélioration cognitive. Cependant, certains utilisateurs peuvent rencontrer :

- **Irritation nasale** : Lorsqu'il est utilisé par voie intranasale, une légère irritation ou une gêne dans les voies nasales peut survenir.
- **Somnolence** : Dans de rares cas, certains utilisateurs peuvent se sentir légèrement somnolents, en particulier lorsqu'ils utilisent des doses plus élevées de Selank.

Mode d'administration et dosage

Selank est généralement administré **par voie intranasale**, ce qui permet une absorption rapide dans la circulation sanguine et le cerveau. Il peut également être administré par injection sous-cutanée, bien que le spray nasal soit la méthode préférée.

Dosage : La dose nasale typique de Semax est de **250 à 500 mcg par pulvérisation**, utilisé **1 à 3 fois par jour**. Une pulvérisation dans chaque narine, une à deux fois par jour est souvent suffisante.

Posologie de **100 à 300 mcg** une fois par jour en cas d'injection **sous-cutanée**.

Durée du cycle : Selank peut être utilisé en continu pendant **4 à 6 semaines**, bien que de nombreux utilisateurs préfèrent l'utiliser au besoin pour soulager l'anxiété ou soutenir la cognition.

Dihexa

Dihexa est un autre peptide qui attire l'attention pour son potentiel dans la promotion de la santé du cerveau. Dihexa est un neuropeptide qui peut traverser la barrière hémato-encéphalique, ce qui lui permet d'influencer directement la fonction cérébrale. Il est connu pour favoriser la croissance de nouvelles synapses, les connexions entre les neurones, qui sont essentielles à l'apprentissage et à la mémoire. La capacité de Dihexa à aider à la formation synaptique le rend particulièrement utile pour les personnes cherchant à améliorer les performances cognitives ou à prévenir le déclin cognitif associé au vieillissement ou aux maladies neurodégénératives.

Mode d'administration et dosage

Dehexa est couramment administré par application transdermique.

Dosage : La posologie typique de Dihexa est de **8 à 40 mg** utilisé **une fois par jour**.

Cerebrolysin

Cerebrolysin est un mélange peptidique qui contient des facteurs neurotrophiques connus pour stimuler la croissance des neurones et protéger contre les lésions des cellules cérébrales. Il a été utilisé en Europe pour traiter la maladie d'Alzheimer, les accidents vasculaires cérébraux, les lésions cérébrales traumatiques et le déclin cognitif. Cerebrolysin agit en favorisant la réparation et la régénération des cellules cérébrales, en améliorant la fonction cognitive et en ralentissant la progression des maladies neurodégénératives. Il est particulièrement utile pour les personnes âgées qui cherchent à préserver leurs capacités cognitives et à maintenir leur acuité mentale à mesure qu'elles vieillissent.

La capacité de Cerebrolysin à traverser la barrière hémato-encéphalique la rend particulièrement efficace pour améliorer la fonction cérébrale et favoriser la récupération des lésions cérébrales ou des maladies neurodégénératives. Il est largement utilisé en Europe et en Asie, en particulier en milieu clinique pour ses puissants avantages cognitifs et neurologiques.

Avantages

Performance cognitive : Cerebrolysin améliore la fonction cognitive, en particulier dans des domaines tels que la mémoire, l'apprentissage et la clarté mentale. Il est couramment utilisé pour améliorer les performances cognitives chez les personnes en bonne santé et celles souffrant de troubles cognitifs.

Neuroprotection : L'un des principaux avantages de Cerebrolysin est sa capacité à protéger les neurones des dommages causés par le stress oxydatif, l'inflammation et les neurotoxines. Cela le rend très efficace dans le traitement des maladies neurodégénératives comme la maladie d'Alzheimer et la maladie de Parkinson.

Neuroplasticité et récupération : Cerebrolysin favorise la neuroplasticité, la capacité du cerveau à former de nouvelles connexions neuronales. Ceci est particulièrement bénéfique pour les personnes qui se remettent d'un accident vasculaire cérébral, de lésions cérébrales traumatiques ou d'autres affections neurologiques.

Stabilisation de l'humeur et clarté cognitive : Certains utilisateurs signalent des améliorations de l'humeur et de la stabilité émotionnelle lors de l'utilisation de Cerebrolysin, probablement en raison de ses effets positifs sur la fonction cérébrale et l'équilibre neurochimique.

Mode d'administration et dosage

Cerebrolysin est généralement administrée par injection intramusculaire ou intraveineuse. Son mode d'administration et son dosage dépendent de la gravité de la maladie traitée, ainsi que des objectifs cognitifs de l'utilisateur.

Dosage : La posologie standard de Cerebrolysin varie de **5 à 10 ml par jour.**

Pour **les lésions cérébrales traumatiques, 20 à 40 ml par jour** sont souvent utilisés.

Pour **la maladie d'Alzheimer, 20 à 40 ml par jour** sont souvent utilisés

Pour **la démence vasculaire, 20 à 40 ml par jour** sont souvent utilisés.

Pour **l'AVC, 20 à 40 ml par jour** sont souvent utilisés.

Pour **l'amélioration cognitive** ou la neuroprotection, de petites doses de **5 ml** par jour ou tous les deux jours sont souvent utilisées.

Durée du cycle : Cerebrolysin est généralement utilisée par cycles de **10 à 20 jours**, suivis d'une pause. Pour les affections plus graves, des cycles de traitement plus longs peuvent être recommandés sous surveillance médicale.

Orexin A

Orexin A, également connue sous le nom d'hypocrétine-1, est un neuropeptide qui aide à réguler l'éveil, l'excitation et la dépense énergétique. Il est produit dans l'hypothalamus et est responsable du maintien de l'éveil et de la prévention du sommeil. Orexin A a été étudiée pour son potentiel à traiter des affections telles que la narcolepsie et la somnolence diurne excessive, et elle est également intéressante pour son potentiel à améliorer la fonction cognitive, à améliorer la concentration et à augmenter la vigilance.

Orexin A attire l'attention en tant qu'améliorateur cognitif potentiel en raison de sa capacité à améliorer la vigilance mentale et les niveaux d'énergie sans la nervosité ou la dépendance associées aux stimulants traditionnels comme la caféine ou les amphétamines.

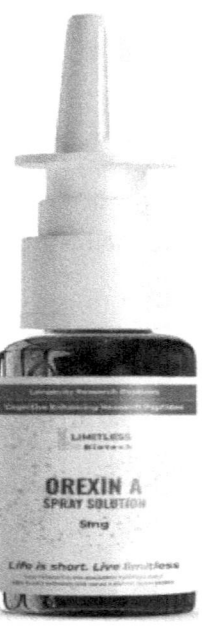

Avantages

Éveil : Orexin A favorise l'éveil et réduit les sensations de fatigue, ce qui le rend idéal pour les personnes souffrant de somnolence diurne excessive ou de conditions telles que la narcolepsie.

Performance cognitive : En améliorant la vigilance et la concentration, Orexin A améliore la fonction cognitive, en particulier dans les tâches nécessitant une attention soutenue et une clarté mentale.

Énergie et humeur : Orexin A est impliquée dans la régulation de la dépense énergétique et de l'humeur, ce qui la rend bénéfique pour les personnes cherchant à améliorer les niveaux d'énergie physique et mentale.

Régulation de l'appétit : Orexin A joue également un rôle dans la régulation de l'appétit, aidant à équilibrer la faim et la dépense énergétique.

Mode d'administration et dosage

Orexin A est généralement administré **par voie intranasale,** ce qui permet une absorption rapide et des effets immédiats sur l'éveil et la vigilance.

Dosage : La posologie typique d'Orexin A est de **100 à 150 mg par dose**, utilisé **une fois par jour,** généralement le matin.

PE-22-28

PE-22-28 est un peptide synthétique dérivé du peptide naturel Spadin, connu pour moduler le canal potassique TREK-1 dans le cerveau. En bloquant ce canal, **PE-22-28** favorise la neuroprotection et la résilience au stress, ce qui en fait un outil précieux pour les personnes confrontées au stress, à l'anxiété ou au déclin cognitif. Il a également été étudié pour ses effets antidépresseurs et son potentiel à améliorer l'humeur et les fonctions cognitives.

PE-22-28 agit en favorisant la neurogenèse (la formation de nouveaux neurones) et en protégeant le cerveau des effets néfastes du stress chronique et de la neuroinflammation. Cela le rend particulièrement utile pour les personnes qui cherchent à améliorer leur santé mentale, leurs performances cognitives et leurs fonctions cérébrales globales.

Avantages

Neuroprotection : PE-22-28 favorise la santé et la survie des neurones, protégeant le cerveau des dommages causés par le stress, l'inflammation ou les neurotoxines.

Résilience au stress : En modulant le canal potassique TREK-1, PE-22-28 améliore la capacité du cerveau à faire face au stress, réduisant les symptômes d'anxiété et favorisant la résilience émotionnelle.

Performance cognitive : Il a été démontré que PE-22-28 améliore la fonction cognitive, en particulier dans des domaines tels que la mémoire, l'apprentissage et la clarté mentale.

Effets antidépresseurs : Certaines études suggèrent que PE-22-28 a des propriétés antidépressives, ce qui en fait un traitement potentiel pour les troubles de l'humeur et la dépression.

Mode d'administration et dosage

PE-22-28 est généralement administré par voie intranasale.

Dosage : La posologie standard est **de 400 mcg**, administrée par spray nasal **une fois par jour**, de préférence le matin.

Durée du cycle : PE-22-28 est généralement utilisé par cycles de **4 à 6 semaines**, suivis d'une pause.

FGL

FGL (Peptide de type facteur de croissance des fibroblastes) est un peptide synthétique conçu pour imiter les effets du facteur de croissance naturel des fibroblastes (FGF) impliqué dans la promotion de la neuroplasticité et de la fonction cognitive. La FGL a été étudiée pour sa capacité à améliorer la mémoire, l'apprentissage et la fonction cérébrale globale en favorisant la formation de nouvelles connexions synaptiques entre les neurones. Il est particulièrement intéressant pour son potentiel à traiter les maladies neurodégénératives, telles que la maladie d'Alzheimer, et à améliorer les performances cognitives chez les individus en bonne santé.

En améliorant la neuroplasticité, FGL soutient la capacité du cerveau à s'adapter, à apprendre et à se remettre de blessures ou d'un déclin cognitif.

Avantages

Mémoire et apprentissage : FGL favorise la formation de nouvelles connexions neuronales, améliorant la rétention de la mémoire et les capacités d'apprentissage. Il est particulièrement efficace pour les personnes qui cherchent à améliorer leurs performances cognitives ou à se remettre de lésions cérébrales.

Neuroplasticité : La FGL soutient la capacité naturelle du cerveau à former de nouvelles synapses, ce qui est essentiel à l'apprentissage, à la mémoire et à la récupération des maladies neurodégénératives.

Neuroprotection : FGL protège les neurones des dommages causés par l'inflammation, le stress oxydatif ou les neurotoxines, ce qui le rend précieux pour prévenir le déclin cognitif ou les maladies neurodégénératives.

Performance cognitive : En améliorant la fonction cérébrale, FGL améliore la clarté mentale, la concentration et les performances cognitives globales.

Mode d'administration et dosage

FGL est généralement administré par injection sous-cutanée.

Posologie : La posologie standard de FGL est de **100 à 500 mcg par injection**, prise **1 à 2 fois par jour**.

Durée du cycle : FGL est généralement utilisé par cycles de **4 à 8 semaines**, en fonction des objectifs cognitifs de l'utilisateur et de sa réponse au peptide.

5.4 Peptides pour la longévité et l'anti-âge

Alors que les gens cherchent des moyens de vivre plus sainement et plus longtemps, les peptides sont apparus comme un outil prometteur pour ralentir les effets du vieillissement et même inverser certains des dommages qui l'accompagnent. À mesure que nous vieillissons, la production de peptides clés par le corps diminue, ce qui entraîne une guérison plus lente, une diminution de l'énergie et la dégradation des tissus. Les peptides utilisés dans les thérapies anti-âge aident à résoudre ces problèmes en reconstituant l'approvisionnement naturel du corps et en améliorant la fonction cellulaire et immunitaire.

Epitalon

L'un des peptides les plus prometteurs aux propriétés anti-âge est l' **Epitalon,** également connu sous le nom d' **épithalon**. Il agit en stimulant la production d'une enzyme appelée télomérase, qui aide à maintenir la longueur des télomères. Les télomères sont des capuchons protecteurs aux extrémités des chromosomes qui se raccourcissent avec l'âge. Les télomères raccourcis sont liés au vieillissement et aux maladies liées à l'âge. En favorisant l'allongement des télomères, **Epitalon** a le potentiel de ralentir le vieillissement au niveau cellulaire, ce qui peut entraîner une amélioration de la vitalité globale, de la santé de la peau et même de la longévité. Il régule également le cycle veille-sommeil en améliorant la production de mélatonine, qui devient altérée avec l'âge.

Epitalon a gagné en popularité pour sa capacité à favoriser la réparation cellulaire, à stimuler la fonction immunitaire, à réguler les rythmes circadiens et à ralentir le processus de vieillissement au niveau cellulaire.

Avantages

Extension des télomères : L'avantage le plus important de Epitalon est sa capacité à activer la télomérase, qui allonge les télomères et protège les cellules du vieillissement. Des télomères plus longs sont associés à une augmentation de la durée de vie cellulaire et de la longévité globale.

Anti-âge : Epitalon aide à retarder le processus de vieillissement en favorisant la réparation et la régénération cellulaires. Il améliore le fonctionnement des organes clés, renforce la santé immunitaire et améliore la capacité du corps à maintenir l'homéostasie à mesure qu'il vieillit.

Amélioration du sommeil et du rythme circadien : Il a été démontré que Epitalon régule la production de mélatonine, aidant à normaliser les cycles de sommeil et à améliorer la qualité du sommeil, en particulier chez les personnes âgées.

Fonction immunitaire : Epitalon stimule le fonctionnement du système immunitaire en stimulant l'activité de la glande pinéale, ce qui aide à réguler les mécanismes de défense de l'organisme. Cette fonction immunitaire améliorée peut aider à protéger contre les maladies et les infections liées à l'âge.

Protection potentielle contre le cancer : Certaines recherches suggèrent que Epitalon peut réduire le risque de cancer en protégeant l'ADN des dommages et en soutenant les mécanismes naturels de suppression des tumeurs du corps.

Mode d'administration et dosage

Epitalon est le plus souvent administré par injection sous-cutanée, bien qu'il puisse également être pris par voie orale. Cependant, **les formes injectables** sont généralement considérées comme plus efficaces car les formulations orales décomposeraient le peptide.

Dosage : La posologie typique d'Epitalon pour l'anti-âge est de **1 à 3 mg par jour**, administrés pendant **10 à 20 jours**. Ce cycle peut être répété tous les **6 à 12 mois**, en fonction des objectifs et de l'état de santé de l'utilisateur.

Ben Greenfield recommande **10 mg** d' **Epitalon** injectés par voie sous-cutanée trois fois par semaine pendant trois semaines d'affilée et **une fois par an**.

Durée du cycle : Epitalon est généralement pris en cycles courts, généralement une ou deux fois par an. Chaque cycle dure **de 10 à 20 jours**, avec une pause entre les deux pour prévenir la désensibilisation et maintenir l'efficacité à long terme.

Thymalin

Thymalin est un autre peptide utilisé pour favoriser la longévité en stimulant la fonction du système immunitaire. Le thymalin est un peptide thymique dérivé du thymus, un organe qui joue un rôle clé dans la régulation du système immunitaire. En vieillissant, le thymus se rétrécit, ce qui entraîne un déclin de la fonction immunitaire. Thymalin agit en stimulant la production et l'activité des lymphocytes T, qui sont essentiels à une réponse immunitaire saine et à la lutte contre les infections. Cela en fait un peptide important à la fois pour le soutien immunitaire et à des fins anti-âge.

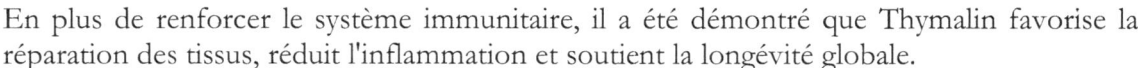

En plus de renforcer le système immunitaire, il a été démontré que Thymalin favorise la réparation des tissus, réduit l'inflammation et soutient la longévité globale.

Avantages

Fonction immunitaire renforcée : Thymalin améliore la production et l'activité des lymphocytes T, qui sont essentiels pour lutter contre les infections, les virus et le déclin immunitaire lié à l'âge. Ce soutien immunitaire aide à protéger contre les maladies liées à l'âge et améliore la capacité du corps à guérir et à se réparer.

Effets anti-âge : En favorisant la santé immunitaire et en réduisant l'inflammation, Thymalin aide à retarder le processus de vieillissement au niveau cellulaire. Il améliore la résilience du corps au stress, favorise la régénération des tissus et aide à maintenir la vitalité de la jeunesse.

Réduction de l'inflammation : Thymalin possède de puissantes propriétés anti-inflammatoires, aidant à réduire l'inflammation chronique qui peut accélérer le processus de vieillissement et contribuer aux maladies liées à l'âge telles que l'arthrite, les maladies cardiovasculaires et les troubles neurodégénératifs.

Réparation et régénération des tissus : Thymalin favorise la réparation des tissus endommagés et accélère la cicatrisation des plaies, ce qui la rend précieuse pour les personnes qui se remettent de blessures ou d'interventions chirurgicales, en particulier chez les personnes âgées.

Mode d'administration et dosage

Thymalin est généralement administrée par injection sous-cutanée, souvent en combinaison avec d'autres peptides tels que Epitalon pour des bienfaits anti-âge améliorés.

Dosage : La posologie standard de Thymalin pour le soutien immunitaire et l'anti-âge est **de 10 à 20 mg par jour**, pris pendant **5 à 10 jours**. Ce cycle peut être répété tous les **4 à 6 mois**, en fonction de l'état de santé et des objectifs de l'utilisateur.

Durée du cycle : Thymalin est couramment utilisée en cycles courts de **5 à 10 jours**, répétés tous les quelques mois pour maintenir la santé immunitaire et les bienfaits anti-âge.

Doasage recommandé pour l'association d'Epitalon et de Thymalin : 5 mg de Thymalin et d'Epitalon respectivement, une fois par jour pendant 20 jours d'affilée, répété tous les 6 mois.

GHK-Cu

GHK-Cu (peptide de cuivre) est un peptide naturel qui joue un rôle essentiel dans la cicatrisation des plaies, la réparation des tissus et la santé de la peau. Il a été découvert pour la première fois dans les années 1970 et est depuis devenu largement connu pour ses propriétés régénératrices, en particulier dans les domaines du rajeunissement de la peau, de l'anti-âge et de la réparation cellulaire. GHK-Cu favorise la production de collagène, réduit l'inflammation et améliore la communication cellulaire, ce qui en fait un peptide clé pour améliorer l'élasticité de la peau, réduire les rides et soutenir la santé cellulaire globale.

GHK-Cu est souvent utilisé dans les produits cosmétiques pour ses effets rajeunissants sur la peau, mais ses avantages vont bien au-delà des soins de la peau. Il a été démontré qu'il favorise la régénération des tissus, améliore la fonction immunitaire et protège même l'ADN des dommages, ce qui en fait un outil puissant pour la longévité et l'anti-âge.

Avantages

Rajeunissement de la peau : GHK-Cu est connu pour sa capacité à favoriser la production de collagène, à améliorer l'élasticité de la peau et à réduire l'apparence des rides et ridules. Il aide également à estomper les cicatrices et l'hyperpigmentation, ce qui le rend populaire dans les routines de soins de la peau anti-âge.

Cicatrisation et réparation des tissus : GHK-Cu accélère la cicatrisation des plaies en favorisant la régénération des tissus et en réduisant l'inflammation. Il aide le corps à réparer les tissus endommagés, ce qui le rend précieux pour les personnes qui se remettent de blessures ou d'interventions chirurgicales.

Effets anti-inflammatoires : GHK-Cu possède de puissantes propriétés anti-inflammatoires, aidant à réduire l'inflammation chronique qui contribue au vieillissement et aux maladies liées à l'âge.

Réparation cellulaire et protection de l'ADN : GHK-Cu protège les cellules des dommages oxydatifs et favorise la réparation de l'ADN endommagé, ce qui aide à retarder le processus de vieillissement au niveau cellulaire. Cela en fait un acteur incontournable dans les protocoles de longévité et anti-âge.

Croissance des cheveux : Il a également été démontré que GHK-Cu favorise la croissance des cheveux en stimulant les follicules pileux et en améliorant la santé du cuir chevelu, ce qui le rend précieux pour les personnes souffrant de perte de cheveux ou d'amincissement des cheveux.

Mode d'administration et dosage

GHK-Cu peut être administré sous plusieurs formes, notamment sous forme de crèmes topiques, de sérums et d'injections sous-cutanées. Les formes topiques sont généralement utilisées pour le rajeunissement de la peau, tandis que les formes injectables sont utilisées pour des avantages systémiques tels que la réparation des tissus et la régénération cellulaire.

Posologie topique : Lorsqu'il est utilisé par voie topique, GHK-Cu est généralement appliqué à des concentrations de **0,5 % à 1 %** dans des sérums ou des crèmes, appliqués une ou deux fois par jour pour le rajeunissement de la peau.

Posologie injectable : Lorsqu'il est administré par injection, la dose standard de GHK-Cu est de **2 à 5 mg par injection**, pris une fois par jour pendant **4 à 6 semaines**, en fonction des effets souhaités.

Durée du cycle : À des fins anti-âge et de rajeunissement de la peau, GHK-Cu peut être utilisé en continu sous forme topique, tandis que les formes injectables sont généralement cyclées pendant **4 à 6 semaines**, suivies d'une pause.

Humanin

Humanin est un petit peptide dérivé des mitochondries qui a été découvert pour la première fois dans les cellules du cerveau humain. Il a attiré l'attention pour sa capacité à protéger les cellules du stress oxydatif, de l'inflammation et de l'apoptose (mort cellulaire), qui sont tous des contributeurs majeurs au processus de vieillissement. Humanin joue un rôle important dans la santé mitochondriale, qui est essentielle à la production d'énergie, à la réparation cellulaire et à la longévité globale.

Les mitochondries, souvent appelées « centrales électriques » de la cellule, jouent un rôle crucial dans le vieillissement. Avec l'âge, la fonction mitochondriale décline, ce qui entraîne une réduction des niveaux d'énergie, une augmentation des dommages cellulaires et le développement de maladies liées à l'âge. Humanin aide à combattre ces effets en améliorant la fonction mitochondriale, en protégeant les cellules des dommages et en favorisant la longévité globale.

Avantages

Protection mitochondriale : **Humanin** aide à protéger les mitochondries du stress oxydatif, réduisant les dommages cellulaires et favorisant la production d'énergie. Cela aide à améliorer la santé cellulaire et à retarder le processus de vieillissement.

Neuroprotection : Il a été démontré que Humanin protège les neurones des dommages causés par le stress oxydatif, l'inflammation et les neurotoxines. Cela le rend particulièrement précieux pour les personnes qui cherchent à prévenir ou à ralentir les maladies neurodégénératives comme la maladie d'Alzheimer et la maladie de Parkinson.

Longévité améliorée : En favorisant la santé mitochondriale et en protégeant les cellules contre les dommages, Humanin a le potentiel d'augmenter la durée de vie et la durée de vie, permettant aux individus de vivre plus longtemps et en meilleure santé.

Réduction de l'inflammation : Humanin possède des propriétés anti-inflammatoires qui aident à réduire l'inflammation chronique, un facteur clé du vieillissement et des maladies liées à l'âge.

Posologie recommandée

Humanin est généralement administré par **injection sous-cutanée.**

Dosage : La posologie standard d'Humanin est de **1 à 5 mg par injection**, administrée **une fois par jour ou tous les deux jours**. Pour la neuroprotection et la santé mitochondriale, des doses plus faibles sont souvent utilisées pendant de plus longues périodes.

Durée du cycle : Humanin peut être utilisé par cycles de **4 à 6 semaines**, suivis d'une pause pour évaluer la réponse de l'utilisateur et ajuster la posologie si nécessaire.

TB-4/TB-500

Thymosin Beta-4 est une version synthétique d'un peptide naturel présent dans presque toutes les cellules humaines. Il est connu pour sa puissante capacité à favoriser la prolifération et la migration cellulaires, la réparation des tissus, la réduction de l'inflammation et l'amélioration de la régénération cellulaire. Bien qu'il soit largement utilisé pour ses propriétés curatives dans les blessures musculaires, tendineuses et ligamentaires, il joue également un rôle clé dans le soutien de la longévité en favorisant la santé globale des tissus et en réduisant l'inflammation liée à l'âge.

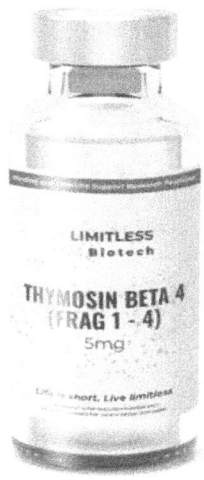

Il est particulièrement précieux pour les personnes âgées ou les athlètes qui se remettent de blessures, car il accélère le processus de guérison, améliore la mobilité des articulations et soutient la santé des tissus à long terme. Ses effets systémiques sur la réparation et la régénération des tissus en font un peptide fondamental pour ceux qui cherchent à améliorer à la fois leurs performances et leur longévité.

Avantages

Amélioration de la flexibilité et de la mobilité : En favorisant la réparation des tissus et en réduisant l'inflammation, il améliore la flexibilité et la mobilité des articulations, ce qui est particulièrement bénéfique pour les personnes souffrant de raideur ou de douleurs articulaires liées à l'âge.

Réparation tissulaire : Il favorise la migration des cellules vers le site de la blessure, accélérant la guérison des muscles, des tendons, des ligaments et même des organes. Cela le rend inestimable pour les personnes qui se remettent de blessures ou d'interventions chirurgicales, en particulier les personnes âgées.

Réduction de l'inflammation : Il possède de fortes propriétés anti-inflammatoires qui aident à réduire l'inflammation chronique, qui peut contribuer au processus de vieillissement et aux maladies liées à l'âge telles que l'arthrite et les maladies cardiovasculaires.

Soutien à la longévité : Sa capacité à favoriser la réparation des tissus et à réduire l'inflammation systémique aide à soutenir la santé et la vitalité à long terme, ce qui en fait un peptide important dans les protocoles anti-âge et de longévité.

Mode d'administration et dosage

Il est généralement administré par **injection sous-cutanée.**

Posologie : La posologie standard varie de **2 à 5 mg par semaine**, divisée en 2 à 3 injections. Pour les personnes qui se remettent de blessures ou qui recherchent des avantages anti-âge, une dose d'entretien plus faible est souvent utilisée après la phase de guérison initiale.

Durée du cycle : Il est couramment utilisé par cycles de **4 à 8 semaines** pour la réparation des tissus, avec une phase d'entretien pour un soutien continu de la santé et de la longévité des articulations.

5.5 Peptides pour la santé sexuelle

Les peptides ont montré un potentiel important dans l'amélioration de la santé sexuelle des hommes et des femmes. En s'attaquant à des problèmes tels que la faible libido, la dysfonction érectile et les performances sexuelles globales, ces peptides offrent une approche naturelle et ciblée pour améliorer le bien-être sexuel sans les effets secondaires associés à certains traitements traditionnels.

PT-141

PT-141, également connu sous le nom **de Bremelanotide**, est un peptide dérivé de l'hormone mélanocortine. Il a été développé à l'origine pour ses propriétés bronzantes, mais il s'est rapidement avéré avoir un effet puissant sur l'excitation sexuelle et le désir. **PT-141** agit en stimulant les récepteurs de la mélanocortine dans le cerveau, qui sont impliqués dans l'excitation sexuelle et le désir.

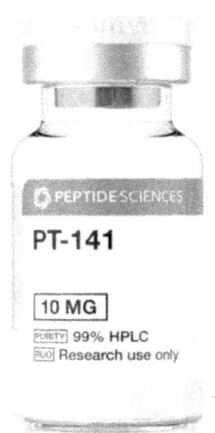

Contrairement à des médicaments comme le Viagra, qui ciblent le flux sanguin, PT-141 influence directement le désir sexuel, ce qui le rend efficace pour les hommes et les femmes. Chez les hommes, il aide à traiter la dysfonction érectile, tandis que chez les femmes, il a été démontré qu'il augmente le désir sexuel et l'excitation. PT-141 est particulièrement utile pour les personnes qui n'ont pas bien répondu à d'autres traitements ou qui souffrent d'une faible libido en raison de déséquilibres hormonaux, du stress ou de l'âge.

L'approche du PT-141 pour améliorer la santé sexuelle est unique, car il aide non seulement à la performance physique (comme la fonction érectile chez les hommes), mais augmente également la libido et le désir sexuel. Il est efficace pour les hommes et les femmes, ce qui en fait une option polyvalente pour traiter la dysfonction sexuelle.

Avantages

Augmentation du désir sexuel : PT-141 stimule l'excitation sexuelle et le désir chez les hommes et les femmes en agissant sur les récepteurs de la mélanocortine dans le cerveau. Les utilisateurs signalent souvent une libido accrue et une réponse sexuelle plus forte après avoir pris du PT-141.

Amélioration de la fonction érectile : Pour les hommes, il a été démontré que PT-141 améliore la fonction érectile, en particulier dans les cas où les médicaments traditionnels contre les troubles de l'érection n'ont pas été efficaces. En améliorant l'excitation sexuelle, PT-141 aide les hommes à obtenir et à maintenir des érections.

Satisfaction sexuelle accrue pour les femmes : PT-141 est l'un des rares peptides qui ont été étudiés spécifiquement pour ses effets sur la santé sexuelle féminine. Il peut améliorer la satisfaction sexuelle, l'excitation et la fonction orgasmique chez les femmes, ce qui en fait une option précieuse pour traiter des conditions telles que le trouble du désir sexuel hypoactif (HSDD).

Action rapide : PT-141 a un effet rapide, avec des effets généralement ressentis dans les 30 à 60 minutes suivant l'administration. Cela le rend adapté à une utilisation à la demande avant l'activité sexuelle.

Mode d'administration et dosage

PT-141 est généralement administré par injection sous-cutanée.

Posologie : La posologie standard de PT-141 est de **1 à 2 mg par injection**, prise environ **30 à 60 minutes avant l'activité sexuelle**. Il est recommandé de commencer par une dose plus faible et d'ajuster en fonction de la réponse et de la tolérance individuelles.

Durée du cycle : PT-141 peut être utilisé au besoin, généralement pas plus d'une fois toutes les 24 à 48 heures, en fonction de la réponse de l'utilisateur et des effets secondaires. Il n'est pas nécessaire de l'utiliser en continu, car il est conçu pour une utilisation à la demande.

Kisspeptin

Kisspeptin est un autre peptide qui attire l'attention pour sa capacité à améliorer la santé sexuelle. Il est connu pour stimuler la libération de l'hormone de libération des gonadotrophines (GnRH), qui joue un rôle clé dans la régulation des hormones de reproduction telles que la testostérone et l'œstrogène. Kisspeptin peut aider à améliorer la fertilité en stimulant la production de ces hormones.

Chez les hommes, il soutient des niveaux de testostérone sains, qui sont essentiels pour la libido et les performances sexuelles. Chez les femmes, Kisspeptin aide à réguler le cycle menstruel et peut améliorer la fertilité, en particulier chez celles qui présentent des déséquilibres hormonaux. En stimulant les voies hormonales naturelles du corps, Kisspeptin offre une approche plus physiologique pour améliorer la santé sexuelle et la fertilité.

Avantages

Augmentation de la production de testostérone : Chez les hommes, Kisspeptin stimule la libération de GnRH, ce qui entraîne une augmentation des niveaux d'hormone lutéinisante (LH) et d'hormone folliculo-stimulante (FSH). Ceci, à son tour, stimule la production de testostérone, améliorant la libido, la fonction sexuelle et les niveaux d'énergie globaux.

Fertilité : Kisspeptin joue un rôle clé dans la régulation de l'ovulation chez les femmes, ce qui contribue à améliorer la fertilité. Il aide à synchroniser l'ovulation, ce qui est essentiel pour la conception.

Production de spermatozoïdes : Chez les hommes, Kisspeptin stimule la production de spermatozoïdes, améliorant ainsi le nombre et la motilité des spermatozoïdes.

Régulation de la santé reproductive : Kisspeptin soutient la fonction globale du système reproducteur, ce qui la rend utile pour les personnes souffrant de déséquilibres hormonaux ou de problèmes de santé reproductive, tels que le syndrome des ovaires polykystiques (SOPK) ou l'hypogonadisme masculin.

Mode d'administration et dosage

Kisspeptin est généralement administrée par **injection sous-cutanée**.

Dosage : La posologie standard de Kisspeptin pour stimuler la testostérone et la fertilité varie de **100 à 200 mcg par injection**, administrée **1 à 2 fois par jour**.

Durée du cycle : Kisspeptin peut être utilisée par cycles de **4 à 6 semaines** pour améliorer la testostérone et la fertilité. Il est souvent utilisé dans le cadre d'un protocole de fertilité chez les hommes et les femmes, avec des cycles adaptés aux besoins de santé reproductive de l'individu.

Melanotan II

Melanotan II sont des analogues synthétiques de l'hormone alpha-mélanocytaire naturelle (α-MSH), qui est impliquée dans la régulation de la pigmentation de la peau. Alors que **Melanotan II** a été initialement développé pour favoriser le bronzage en augmentant la production de mélanine, il a gagné en popularité pour ses effets sur la fonction sexuelle et l'amélioration de la libido. Melanotan II agit sur le système de mélanocortine, qui affecte le désir sexuel. Bien que son utilisation principale soit d'obtenir un bronzage, de nombreux utilisateurs signalent une augmentation de la libido comme un effet secondaire bienvenu. Il a été démontré que le Melanotan II augmente le désir sexuel et la fonction érectile chez les hommes, ce qui en fait un peptide polyvalent pour ceux qui recherchent des avantages à la fois pour le bronzage et la santé sexuelle.

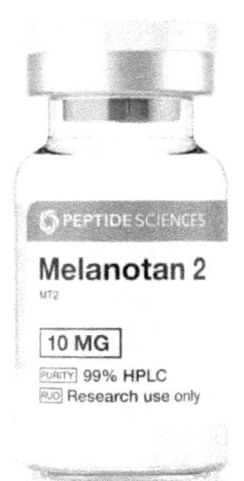

Il convient toutefois de noter que Melanotan II doit être utilisé avec précaution, car il peut provoquer d'autres effets secondaires tels que des nausées chez certains utilisateurs.

Avantages

Bronzage de la peau : Melanotan II favorise la production de mélanine dans la peau, conduisant à un bronzage naturel sans exposition excessive au soleil. Cela peut aider à protéger la peau des dommages causés par les UV.

Augmentation de la libido et de l'excitation sexuelle : Melanotan II stimule les récepteurs de la mélanocortine dans le cerveau qui sont impliqués dans le désir sexuel et l'excitation. Les utilisateurs signalent souvent une libido accrue et une fonction érectile améliorée, ce qui en fait un choix populaire pour les personnes cherchant à améliorer leur santé sexuelle.

Fonction érectile : En plus d'augmenter la libido, il a été démontré que Melanotan II améliore la fonction érectile chez les hommes, même chez ceux qui ne répondent pas bien aux traitements traditionnels de la dysfonction érectile. Il agit en augmentant l'excitation sexuelle au niveau du cerveau, plutôt que d'affecter directement le flux sanguin comme les inhibiteurs de la PDE5 (Viagra).

Protection contre les coups de soleil : En augmentant les niveaux de mélanine, Melanotan I et II peuvent aider à protéger la peau des coups de soleil et à réduire le risque de lésions cutanées liées aux UV.

Mode d'administration et dosage

Melanotan II est administré par injection **sous-cutanée**.

Dosage : La posologie pour l'amélioration de la libido varie de **0,25 à 1 mg par injection**, prise **tous les deux jours**.

Durée du cycle : Melanotan II est souvent utilisé de manière plus intermittente, en fonction des objectifs de l'utilisateur ou de sa santé sexuelle.

5.6 Peptides pour l'immunité

Le maintien d'un système immunitaire fort est important pour la santé globale, en particulier à mesure que nous vieillissons lorsque le système immunitaire s'affaiblit, ce qui rend plus difficile la lutte contre les infections et les maladies. Les peptides peuvent aider à stimuler la fonction immunitaire en stimulant les défenses naturelles de l'organisme, en favorisant une récupération plus rapide des infections et en réduisant l'inflammation. Cela les rend précieux pour les personnes qui cherchent à renforcer leur système immunitaire, en particulier celles qui ont une immunité affaiblie ou des maladies auto-immunes.

Plutôt que de s'appuyer uniquement sur des médicaments qui peuvent supprimer d'autres fonctions corporelles, les peptides aident à renforcer les mécanismes de défense de l'organisme, ce qui le rend mieux équipé pour repousser les maladies et se remettre des infections.

Thymosin alpha-1

Thymosin alpha-1 (Tα1) est un peptide naturel dérivé du thymus, un organe qui aide au développement et à la régulation du système immunitaire. **Thymosin alpha-1** est l'un des peptides les plus efficaces pour renforcer l'immunité. Il agit en stimulant la production de lymphocytes T (un type de globule blanc), qui sont un composant clé du système immunitaire responsable de la lutte contre les infections et de la protection de l'organisme contre les agents pathogènes nocifs. Thymosin alpha-1 a été utilisée dans le traitement de diverses affections, notamment les infections virales, les maladies auto-immunes et même le cancer. En augmentant la capacité du système immunitaire à répondre aux menaces, Thymosin alpha-1 aide les individus à se rétablir plus rapidement de la maladie et protège contre les infections futures.

Avantages

Activation du système immunitaire : Thymosin alpha-1 stimule l'activité des cellules T, des cellules dendritiques et d'autres cellules immunitaires, augmentant ainsi les mécanismes de défense de l'organisme contre les infections, les bactéries et les virus.

Traitement des infections chroniques : Thymosin alpha-1 est particulièrement efficace dans le traitement des infections virales chroniques telles que l'hépatite B, l'hépatite C et le VIH. Il aide le corps à éliminer les infections qui sont autrement difficiles à traiter.

Soutien au traitement du cancer : En améliorant la fonction immunitaire, Thymosin alpha-1 a été utilisée comme traitement d'appoint dans le traitement du cancer. Il aide le système immunitaire à reconnaître et à attaquer le cancer.

Gestion des maladies auto-immunes : Thymosin alpha-1 a des effets immunomodulateurs, ce qui signifie qu'elle peut équilibrer la réponse immunitaire. Ceci est particulièrement utile dans les maladies auto-immunes, où le système immunitaire attaque par erreur les propres tissus du corps.

Adjuvant vaccinal : Il a été démontré que Thymosin alpha-1 améliore l'efficacité des vaccins en stimulant la réponse immunitaire, ce qui la rend particulièrement précieuse en période d'infections généralisées ou de campagnes de vaccination.

Mode d'administration et dosage

Thymosin alpha-1 est administrée par **injection sous-cutanée**.

Dosage : La posologie standard de Thymosin alpha-1 est de **1,5 à 3,2 mg par semaine**, divisée en **2 à 3 injections**. En cas d'infection chronique ou d'immunodéficience, la posologie peut être ajustée en fonction de la gravité de la maladie.

Durée du cycle : Thymosin alpha-1 est souvent utilisée par cycles de **4 à 12 semaines**. En cas d'infection chronique, des cycles plus longs peuvent être nécessaires, avec des pauses entre les deux, pour évaluer la fonction immunitaire.

LL-37

Un autre peptide doté de fortes propriétés immunitaires est **LL-37**, un peptide antimicrobien qui aide le corps à combattre les infections bactériennes, virales et fongiques. LL-37 agit en perturbant les membranes des agents pathogènes nocifs, ce qui rend plus difficile leur survie dans le corps. Il est connu pour sa capacité non seulement à tuer les agents pathogènes, mais aussi à moduler le système immunitaire. Ce peptide est particulièrement utile pour les personnes souffrant d'infections chroniques ou celles qui sont plus sensibles aux maladies en raison d'un système immunitaire affaibli.

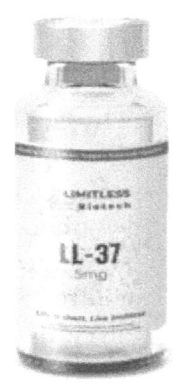

En plus de ses propriétés antimicrobiennes, LL-37 améliore également la cicatrisation des plaies, réduit l'inflammation, ce qui le rend utile pour la gestion des maladies auto-immunes et inflammatoires.

Avantages

Effets antimicrobiens à large spectre : LL-37 est efficace contre une grande variété d'agents pathogènes, y compris les bactéries, les virus et les champignons.

Modulation immunitaire : En plus de ses propriétés antimicrobiennes, LL-37 module le système immunitaire, aidant à équilibrer les réponses immunitaires et à réduire l'inflammation excessive, qui peut être dommageable dans les maladies auto-immunes.

Cicatrisation des plaies : LL-37 favorise la réparation des tissus et accélère la cicatrisation des plaies, ce qui le rend utile pour les personnes qui se remettent d'une intervention chirurgicale, de blessures ou de plaies chroniques.

Effets anti-inflammatoires : LL-37 réduit l'inflammation en modulant la libération de cytokines pro-inflammatoires. Cela le rend bénéfique pour le traitement des affections inflammatoires telles que l'arthrite, le psoriasis et les maladies inflammatoires de l'intestin.

Protection contre les bactéries résistantes aux médicaments : LL-37 est efficace contre les bactéries résistantes aux antibiotiques, ce qui en fait une alternative ou un complément précieux aux antibiotiques traditionnels dans le traitement des infections difficiles.

Posologie recommandée

LL-37 est administré par **injection sous-cutanée**.

Dosage : La posologie typique de LL-37 est de **100 mcg par injection**, pris **2 fois par jour**, une fois le matin et une fois le soir.

Durée du cycle : LL-37 est couramment utilisé en **cycles de 2 à 4 semaines**, selon la gravité de l'infection ou de l'affection immunitaire traitée.

VIP

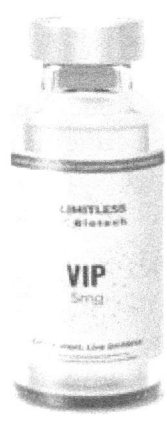

Peptide intestinal vasoactif (VIP) est un neuropeptide qui aide à réguler la fonction pulmonaire, à réduire l'inflammation et à moduler la réponse immunitaire. **VIP** est connu pour sa capacité à détendre les muscles lisses, à dilater les vaisseaux sanguins et à réduire l'inflammation pulmonaire, ce qui le rend particulièrement précieux pour les personnes souffrant de maladies respiratoires telles que l'asthme, la bronchopneumopathie chronique obstructive (BPCO) et l'hypertension artérielle pulmonaire (HTAP).

Les propriétés anti-inflammatoires de VIP s'étendent au-delà des poumons, car il aide à réduire l'inflammation systémique, à protéger contre les maladies auto-immunes et à soutenir la fonction immunitaire globale. Sa capacité unique à améliorer la santé pulmonaire tout en régulant l'activité immunitaire fait du VIP un peptide très recherché par les personnes souffrant de problèmes respiratoires ou d'inflammation chronique.

Avantages

Soutien à la santé pulmonaire : VIP améliore la fonction pulmonaire en dilatant les voies respiratoires, en réduisant l'inflammation pulmonaire et en favorisant une circulation sanguine saine dans les poumons. Il est souvent utilisé pour traiter des affections telles que l'asthme, la BPCO et l'hypertension pulmonaire.

Effets anti-inflammatoires : VIP réduit l'inflammation dans les poumons et dans tout le corps en modulant la production de cytokines et l'activité des cellules immunitaires. Cela le rend bénéfique pour les personnes atteintes de maladies inflammatoires telles que l'arthrite, les maladies inflammatoires de l'intestin et les troubles auto-immuns.

Régulation immunitaire : VIP aide à équilibrer la réponse immunitaire, à prévenir l'inflammation excessive tout en favorisant une défense appropriée contre les infections et les agents pathogènes. Il est particulièrement précieux dans les cas de maladies auto-immunes, où le système immunitaire attaque les tissus sains.

Amélioration de l'oxygénation : En dilatant les vaisseaux sanguins et en augmentant le flux sanguin vers les poumons, VIP améliore l'apport d'oxygène aux tissus du corps, améliorant ainsi les niveaux d'énergie globaux et les performances physiques.

Posologie recommandée

VIP est généralement administré par **injection sous-cutanée**, bien qu'il puisse également être administré **par voie intranasale** pour des avantages respiratoires.

Dosage : La posologie standard de VIP est de **100 à 500 mcg par injection**, pris **1 à 2 fois par jour**.

La **posologie intranasale recommandée est de 50 mcg** pulvérisés dans chaque narine jusqu'à **4 fois par jour**.

Durée du cycle : VIP peut être utilisé en continu ou par cycles, en fonction de l'état de santé de l'utilisateur. Pour les affections respiratoires chroniques, une utilisation à long terme peut être nécessaire pour maintenir la santé pulmonaire et réduire l'inflammation.

KPV

KPV est un tripeptide composé de lysine, de proline et de valine, connu pour ses fortes propriétés anti-inflammatoires et immunorégulatrices. Il a attiré l'attention pour sa capacité à réduire l'inflammation et à favoriser la guérison dans diverses affections, notamment les maladies inflammatoires de l'intestin, le psoriasis et d'autres troubles auto-immuns. KPV agit en inhibant les cytokines pro-inflammatoires, réduisant ainsi l'inflammation et favorisant la réparation des tissus.

KPV est souvent utilisé comme traitement d'appoint pour les maladies inflammatoires et auto-immunes, offrant une approche naturelle pour réduire l'inflammation chronique sans les effets secondaires associés aux médicaments anti-inflammatoires traditionnels.

Avantages

Effets anti-inflammatoires puissants : KPV est très efficace pour réduire l'inflammation en inhibant la production de cytokines pro-inflammatoires. Cela le rend précieux pour traiter des affections telles que l'arthrite, le psoriasis et les maladies inflammatoires de l'intestin.

Modulation immunitaire : KPV aide à réguler le système immunitaire, en prévenant les réponses immunitaires excessives qui peuvent entraîner des poussées auto-immunes ou une inflammation chronique.

Cicatrisation des plaies : KPV favorise la réparation des tissus et accélère la cicatrisation des plaies, ce qui le rend utile pour les personnes qui se remettent de blessures ou d'une intervention chirurgicale.

Traitement des affections cutanées : Il a été démontré que KPV améliore la santé de la peau en réduisant l'inflammation et en favorisant la guérison dans des conditions telles que l'eczéma, le psoriasis et l'acné.

Mode d'administration et dosage

KPV peut être administré sous plusieurs formes, notamment des **injections sous-cutanées**, **des gélules orales** ou **des crèmes topiques**.

Posologie : La posologie standard de KPV est de **1 à 2 mg par injection**, pris **1 à 2 fois par jour**. Pour les affections cutanées inflammatoires, KPV peut être appliqué localement sous forme de crème, généralement **une fois par jour**.

Durée du cycle : KPV est généralement utilisé par cycles de **4 à 6 semaines**, en fonction de l'état de l'utilisateur et de sa réponse au peptide.

ARA-290

ARA-290 est un peptide synthétique dérivé de l'érythropoïétine (EPO), une hormone impliquée dans la production de globules rouges. Cependant, contrairement à l'EPO, ARA-290 n'affecte pas la production de globules rouges, mais se concentre plutôt sur la promotion de la réparation nerveuse, la réduction de l'inflammation et la modulation du système immunitaire. Il a été démontré qu'il améliore les symptômes dans des conditions telles que la sarcoïdose, la douleur chronique et la neuropathie, ce qui en fait un peptide précieux pour les personnes souffrant de lésions nerveuses et de maladies inflammatoires chroniques.

La capacité unique de ARA-290 à protéger et à réparer les nerfs, à réduire l'inflammation et à moduler les réponses immunitaires en fait une option prometteuse pour le traitement des troubles auto-immuns et des affections neuro-inflammatoires.

Avantages

Réparation et protection des nerfs : ARA-290 favorise la réparation et la régénération des nerfs endommagés, ce qui le rend utile pour des affections telles que la neuropathie, la douleur chronique et les maladies neurodégénératives.

Effets anti-inflammatoires : ARA-290 réduit l'inflammation en modulant le système immunitaire et en inhibant les cytokines pro-inflammatoires. Cela le rend bénéfique pour le traitement des affections inflammatoires chroniques, telles que la sarcoïdose ou les maladies auto-immunes.

Amélioration de la gestion de la douleur : Il a été démontré que ARA-290 réduit la douleur chronique associée aux lésions nerveuses, offrant un soulagement aux personnes souffrant de douleurs neuropathiques ou d'autres syndromes douloureux.

Modulation du système immunitaire : En équilibrant la réponse immunitaire, ARA-290 aide à prévenir l'inflammation excessive tout en soutenant la capacité du corps à combattre les infections et à réparer les tissus endommagés.

Posologie recommandée

ARA-290 est administré par **injection sous-cutanée**, généralement dans la région abdominale.

Dosage : La posologie standard d'ARA-290 est de **5 mg par injection**, pris **une fois par jour** pour la réparation nerveuse et la modulation immunitaire. Des doses plus faibles peuvent être utilisées pour la gestion de l'inflammation chronique.

Durée du cycle : ARA-290 est généralement utilisé par cycles de **4 à 6 semaines**, en fonction de l'affection traitée et de la réponse de l'utilisateur au peptide.

SS-31

SS-31, également connu sous le nom d' **élamiprétide,** est un peptide ciblant les mitochondries qui a attiré l'attention pour sa capacité à protéger et à réparer les mitochondries, les organites producteurs d'énergie dans les cellules. En améliorant la fonction mitochondriale, SS-31 aide à réduire le stress oxydatif, à améliorer la production d'énergie cellulaire et à soutenir la santé globale et la longévité. Le dysfonctionnement mitochondrial est une caractéristique du vieillissement et de nombreuses maladies chroniques, notamment les troubles neurodégénératifs, les maladies cardiovasculaires et les déficiences immunitaires.

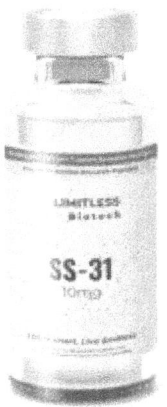

La capacité du SS-31 à restaurer la santé mitochondriale et à réduire l'inflammation en fait un peptide puissant pour les personnes cherchant à stimuler la fonction immunitaire, à se protéger contre les maladies liées à l'âge et à améliorer la vitalité globale.

Avantages

Amélioration de la fonction mitochondriale : SS-31 améliore la production d'énergie mitochondriale, réduisant le stress oxydatif et améliorant la santé cellulaire globale. Cela le rend utile pour les personnes souffrant de dysfonctionnement mitochondrial, de fatigue chronique ou de maladies neurodégénératives.

Anti-âge et longévité : En protégeant les mitochondries des dommages, SS-31 aide à retarder le processus de vieillissement et à réduire le risque de maladies liées à l'âge telles que la maladie d'Alzheimer, la maladie de Parkinson et les maladies cardiovasculaires.

Réduction de l'inflammation : SS-31 possède de puissantes propriétés anti-inflammatoires, aidant à réduire l'inflammation chronique et à soutenir la santé immunitaire.

Neuroprotection : SS-31 protège les neurones des dommages oxydatifs et soutient la santé du cerveau, ce qui le rend bénéfique pour les personnes atteintes de maladies neurodégénératives ou de déclin cognitif.

Mode d'administration et dosage

SS-31 est administré par **injection sous-cutanée**, généralement dans la région abdominale.

Posologie : La posologie standard du SS-31 est de **5 à 10 mg par injection**, une **fois par jour**.

Durée du cycle : SS-31 est généralement utilisé par cycles de **4 à 6 semaines**, suivis d'une pause pour évaluer la santé mitochondriale et ajuster la posologie au besoin.

5.7 Peptides pour le sommeil

Un bon sommeil est essentiel à la santé et au bien-être en général, mais de nombreuses personnes souffrent de troubles du sommeil, d'insomnie ou d'un sommeil de mauvaise qualité. Les peptides peuvent aider à améliorer la qualité du sommeil en régulant les cycles naturels de sommeil et d'éveil du corps, en favorisant la relaxation et en améliorant le sommeil profond et réparateur. Pour les personnes aux prises avec des problèmes de sommeil, les peptides offrent une solution potentielle qui cible les causes profondes des troubles du sommeil.

DSIP (peptide delta induisant le sommeil)

Peptide Delta induisant le sommeil (DSIP) est un neuropeptide connu pour sa capacité à favoriser un sommeil réparateur, en particulier le sommeil profond, qui est essentiel à la récupération et à la réparation des tissus. DSIP agit en régulant le cycle naturel veille-sommeil du corps et en favorisant le sommeil par ondes delta, qui est la phase profonde et réparatrice du sommeil. Il aide à réduire le stress et l'anxiété, deux des principaux facteurs qui peuvent interférer avec la qualité du sommeil.

En calmant le système nerveux et en encourageant la relaxation, DSIP aide les individus à s'endormir plus rapidement et à rester endormis plus longtemps, ce qui conduit à un sommeil plus réparateur et réparateur. DSIP est particulièrement utile pour les personnes qui ont du mal à atteindre le sommeil profond ou qui souffrent d'insomnie.

Avantages

Favorise le sommeil profond : DSIP augmente la capacité du corps à entrer et à maintenir le sommeil profond, ce qui est nécessaire à la récupération physique, à la consolidation de la mémoire et à la santé globale.

Amélioration de la qualité du sommeil : Les utilisateurs signalent souvent un sommeil plus réparateur et ininterrompu, se réveillant plus frais et plus énergiques.

Réduction du stress : Il a été démontré que DSIP réduit les niveaux de stress et d'anxiété, aidant les utilisateurs à se détendre et à s'endormir plus facilement.

Favorise la récupération : Étant donné que le sommeil profond est essentiel à la réparation des tissus et à la libération d'hormone de croissance, DSIP peut améliorer la récupération après une activité physique intense et favoriser le bien-être général.

Mode d'administration et dosage

DSIP est généralement administré par **injection sous-cutanée**, généralement avant le coucher, pour s'aligner sur le cycle de sommeil naturel du corps.

Posologie : La posologie standard de DSIP est de **100 à 300 mcg par injection**, prise **30 à 60 minutes avant le coucher**. Pour les personnes présentant des troubles du sommeil plus graves, des doses plus élevées peuvent être utilisées sous surveillance médicale.

Durée du cycle : DSIP peut être utilisé par intermittence ou par cycles de **4 à 6 semaines**, selon les besoins de l'utilisateur et la réponse au peptide.

Epitalon

Epitalon, également connu sous le nom d'épithalon, est un peptide synthétique dérivé du peptide naturel épithalamine, qui est produit dans la glande pinéale. Epitalon est surtout connu pour ses effets anti-âge. Cependant, il joue également un rôle clé dans la régulation de la production de mélatonine, ce qui contribue à améliorer la qualité du sommeil.

En normalisant les rythmes circadiens et en favorisant la libération naturelle de mélatonine, Epitalon aide les utilisateurs à obtenir un sommeil plus reposant et rajeunissant, en particulier chez les personnes âgées qui connaissent souvent une baisse des niveaux de mélatonine.

Avantages

Amélioration de la qualité du sommeil : Epitalon améliore la capacité du corps à produire de la mélatonine, qui régule le cycle veille-sommeil et favorise un sommeil profond et réparateur.

Régulation des rythmes circadiens : Epitalon aide à normaliser les rythmes circadiens, en particulier chez les personnes âgées qui connaissent des troubles du sommeil en raison d'une production réduite de mélatonine.

Récupération améliorée : En favorisant un sommeil plus profond, Epitalon améliore la récupération après un effort physique et soutient la santé globale.

Mode d'administration et dosage

Epitalon est administré par injection sous-cutanée, généralement avant le coucher, pour augmenter la production de mélatonine et améliorer la qualité du sommeil.

Dosage : La posologie standard d'Epitalon est de **1 à 3 mg par jour**, administré pendant **10 à 20 jours**. Ce cycle peut être répété tous les **6 à 12 mois** pour un sommeil à long terme.

Durée du cycle : Epitalon est généralement utilisé en cycles courts de **10 à 20 jours**, suivis d'une pause.

Thymosin Beta-4

Thymosin Beta-4 (TB-4), principalement connue pour ses propriétés de réparation et de guérison des tissus, améliore indirectement le sommeil en accélérant la récupération et en réduisant l'inflammation. Lorsque le corps est dans un état de guérison ou d'inflammation, il peut perturber les habitudes de sommeil. La capacité du TB-4 à réduire l'inflammation et à favoriser la réparation des tissus peut aider les individus à mieux dormir, en particulier ceux qui se remettent de blessures ou qui font face à une inflammation chronique.

Avantages

Réduction de l'inflammation : Les effets anti-inflammatoires du TB-4 aident à soulager la douleur et l'inconfort qui peuvent perturber le sommeil, en particulier chez les personnes atteintes de maladies chroniques telles que l'arthrite ou les blessures.

Amélioration de la qualité du sommeil : Les utilisateurs signalent souvent un sommeil plus réparateur en raison de la réduction de la douleur et d'une récupération plus rapide des blessures, ce qui permet au corps d'entrer dans des stades de sommeil plus profonds.

Relaxation musculaire : Le TB-4 favorise la relaxation musculaire, réduisant les tensions et favorisant un sommeil plus réparateur.

Récupération : En favorisant la réparation des tissus et en réduisant les douleurs musculaires, le TB-4 améliore la récupération après un effort physique, ce qui permet un meilleur sommeil et une réduction de l'inconfort nocturne.

Mode d'administration et dosage

Le TB-4 est administré par injection sous-cutanée, généralement dans la région abdominale ou près du site de la blessure pour des avantages localisés.

Posologie : La posologie standard de TB-4 pour le sommeil et la récupération est **de 2 à 5 mg par semaine**, divisés en **2 à 3 injections**.

Durée du cycle : Le TB-4 est couramment utilisé en cycles **de 4 à 8 semaines** suivis d'une pause.

5.8 Peptides pour la peau, les cheveux et l'esthétique

De nombreux peptides sont utilisés pour leur capacité à améliorer l'apparence de la peau, des cheveux et de l'esthétique générale. Ces peptides favorisent la production de collagène, réduisent l'inflammation et augmentent la réparation des tissus, ce qui permet d'obtenir une peau plus saine, des cheveux plus épais et une apparence plus jeune.

GHK-Cu

GHK-Cu est l'un des peptides les plus connus pour améliorer la santé de la peau. C'est un peptide de cuivre qui favorise la production de collagène, réduit les rides et améliore l'élasticité de la peau. Découvert dans les années 1970, GHK-Cu est depuis devenu un ingrédient populaire dans les produits anti-âge et de soins de la peau en raison de sa capacité à favoriser la jeunesse de la peau, à réduire les ridules et à augmenter la croissance des cheveux. GHK-Cu possède également des propriétés anti-inflammatoires, qui aident à réduire les rougeurs et les irritations de la peau.

Ce peptide est souvent utilisé dans les produits de soin anti-âge, mais il peut également être appliqué directement sur les plaies ou les cicatrices pour favoriser la cicatrisation et réduire les cicatrices. De plus, il a été démontré que GHK-Cu améliore la croissance des cheveux en stimulant les follicules pileux et en favorisant un cuir chevelu plus sain.

Avantages

Réparation de la peau et cicatrisation des plaies : GHK-Cu accélère la cicatrisation des plaies en favorisant la régénération des cellules de la peau et en réduisant l'inflammation. Cela le rend très efficace pour traiter les cicatrices, les coupures et les abrasions.

Production de collagène : L'un des avantages les plus notables du GHK-Cu est sa capacité à stimuler la production de collagène. L'augmentation des niveaux de collagène aide à améliorer l'élasticité de la peau, à réduire les rides et à restaurer une apparence plus jeune.

Croissance des cheveux : GHK-Cu favorise la santé des follicules pileux, encourageant la croissance de nouveaux cheveux et réduisant la perte de cheveux. Il a été démontré qu'il améliore l'épaisseur et la densité des cheveux au fil du temps.

Propriétés anti-inflammatoires et antioxydantes : GHK-Cu aide à réduire l'inflammation et le stress oxydatif de la peau, ce qui peut conduire à une peau plus claire et plus éclatante. Il est particulièrement bénéfique pour les personnes souffrant d'affections cutanées comme l'acné, l'eczéma ou la rosacée.

Mode d'administration et dosage

GHK-Cu peut être appliqué **localement** dans le cadre d'un régime de soins de la peau ou administré par **injection sous-cutanée** pour des bienfaits systémiques.

Posologie topique : GHK-Cu est généralement utilisé dans les sérums ou les crèmes à des concentrations de **0,5 à 1 %,** appliqués sur la peau **une ou deux fois par jour.**

Dosage injectable : Pour des bienfaits systémiques pour la peau et les cheveux, GHK-Cu peut être administré par voie sous-cutanée à une dose de **2 à 5 mg par injection**, généralement prise **une fois par jour** sur un **cycle de 4 à 6 semaines.**

Argireline

Argireline est un peptide souvent appelé « Botox en bouteille » en raison de sa capacité à réduire la formation des rides. Argireline agit en inhibant les contractions musculaires, ce qui réduit l'apparence des rides et ridules, en particulier autour des yeux et du front. Contrairement au Botox, Argireline peut être appliqué localement et ne nécessite pas d'injections, ce qui en fait une option pratique pour ceux qui recherchent des solutions anti-âge non invasives. Argireline se trouve couramment dans les sérums et les crèmes et peut être combinée avec d'autres peptides pour améliorer les effets anti-âge.

Avantages:

- **Réduction de la profondeur des rides** : Inhibe la libération de neurotransmetteurs pour lisser les rides et ridules, en particulier dans les zones à forte expression comme le front et le contour des yeux.
- **Fermeté et douceur de la peau** : Améliore la texture de la peau en relaxant les muscles sous-jacents, ce qui donne une apparence plus ferme et plus lisse.
- **Alternative non invasive au Botox** : Fournit des effets similaires à ceux du Botox sans injections, ce qui le rend accessible pour une utilisation quotidienne dans les soins de la peau.

Posologie recommandée :

- **Application topique** : Généralement formulé à des concentrations de 5 à 10 % dans des sérums ou des crèmes pour une application directe sur les zones sujettes aux rides.

Cycle : Argireline peut être appliqué quotidiennement dans le cadre d'une routine de soins de la peau, avec des effets généralement perceptibles en quelques semaines d'utilisation régulière.

PTD-DBM

PTD-DBM est un peptide cosmétique spécifiquement destiné à la croissance des cheveux et à la santé des follicules. Il agit en inhibant la protéine CXXC5, qui peut interférer avec la signalisation Wnt/β-caténine, une voie essentielle à la croissance des cheveux. En bloquant cette protéine, PTD-DBM favorise la régénération des follicules pileux et améliore la santé du cuir chevelu, ce qui en fait un traitement prometteur contre la perte et l'amincissement des cheveux. PTD-DBM est souvent utilisé en conjonction avec d'autres traitements favorisant les cheveux.

Avantages:

- **Favorise la croissance des cheveux** : Stimule les follicules pileux dormants, ce qui permet d'obtenir des cheveux plus épais et plus volumineux.
- **Amélioration de la santé du cuir chevelu** : Améliore l'état du cuir chevelu en soutenant la santé des follicules pileux et en réduisant l'inflammation.
- **Favorise la régénération des follicules pileux** : PTD-DBM encourage la croissance de nouveaux cheveux dans les zones clairsemées ou chauves en ciblant des protéines spécifiques qui inhibent le développement des follicules pileux.

Posologie recommandée :

- **Solution topique** appliquée sur le cuir chevelu à une concentration de 0,1 à 0,5.
- Lorsqu'il est utilisé en milieu clinique, PTD-DBM peut être administré à raison de 5 à 10 mg par semaine, en fonction de l'étendue de la perte de cheveux, par **des injections sous-cutanées** dans le cuir chevelu.

Cycle : 8 à 12 semaines d'application régulière, avec des résultats souvent visibles pendant cette période. PTD-DBM peut être utilisé en cycles répétés pour un soutien continu dans la croissance et l'entretien des cheveux.

BPC-157

BPC-157, bien que principalement connu pour ses propriétés curatives, peut également améliorer la santé de la peau en favorisant la réparation des tissus et en réduisant l'inflammation. Il a été utilisé pour traiter les plaies, les brûlures et les cicatrices, aidant la peau à guérir plus rapidement et réduisant l'apparence des cicatrices. BPC-157 améliore la circulation sanguine et favorise la régénération des tissus, ce qui contribue à la qualité globale de la peau et à la réduction des signes de vieillissement.

La capacité du BPC-157 à favoriser l'angiogenèse (la formation de nouveaux vaisseaux sanguins) ajoute encore à ses avantages pour la réparation de la peau et la santé globale de la peau.

Avantages

Cicatrisation des plaies : BPC-157 accélère la cicatrisation des plaies cutanées en favorisant la régénération des tissus et en réduisant l'inflammation. Il est particulièrement bénéfique pour la récupération post-chirurgicale et la cicatrisation des brûlures, des coupures et des abrasions.

Réduction des cicatrices : BPC-157 aide à minimiser la formation de cicatrices en favorisant une synthèse plus efficace du collagène et en réduisant la fibrose (accumulation excessive de tissus).

Effets anti-inflammatoires : Il réduit l'inflammation de la peau, ce qui peut être bénéfique pour traiter des affections telles que l'acné, la dermatite et d'autres troubles inflammatoires de la peau.

Régénération de la peau : BPC-157 favorise la régénération des cellules de la peau, ce qui permet d'obtenir une peau plus lisse et d'apparence plus saine au fil du temps.

Mode d'administration et dosage

BPC-157 peut être appliqué **localement** ou administré par **injection sous-cutanée**, selon l'effet souhaité.

Posologie topique : Lorsqu'il est appliqué localement, BPC-157 est généralement utilisé à des concentrations de **250 à 500 mcg** par application, appliqué **une ou deux fois par jour** sur la zone touchée.

Dosage injectable : Pour la cicatrisation systémique des plaies et la régénération de la peau, la dose injectable standard de BPC-157 est de **200 à 400 mcg par injection**, prise **une ou deux fois par jour**. Les cycles de traitement durent généralement **de 4 à 6 semaines**.

Melanotan I et II

Mélanotan I et II sont des analogues synthétiques de l'hormone stimulant les alpha-mélanocytes (α-MSH), qui régule la pigmentation de la peau. Ils sont principalement utilisés pour stimuler le bronzage en augmentant la production de mélanine dans la peau. La mélanine est le pigment responsable de la couleur de la peau, et en favorisant sa production, les peptides de mélanotan peuvent donner aux utilisateurs un bronzage d'apparence naturelle sans exposition excessive au soleil.

En plus de leurs effets bronzants, certains utilisateurs rapportent que les peptides Melanotan améliorent la texture de la peau et réduisent l'apparence des imperfections ou du teint irrégulier.

Avantages

Bronzage de la peau : Melanotan I et II stimulent la production de mélanine, conduisant à un bronzage progressif et uniforme avec une exposition minimale au soleil. Ceci est particulièrement bénéfique pour les personnes à la peau claire qui ont tendance à brûler.

Protection UV : En augmentant les niveaux de mélanine, les peptides de mélanotan fournissent une défense naturelle contre les rayons UV, réduisant ainsi le risque de coups de soleil et de lésions cutanées.

Traitement des troubles de la pigmentation : Melanotan I et II peuvent aider à traiter les troubles de la pigmentation tels que le vitiligo, où les zones de la peau perdent leur pigmentation et deviennent plus claires.

Amélioration de la libido (Melanotan II) : En plus de ses effets bronzants, il a été démontré que Melanotan II améliore la libido et l'excitation sexuelle en agissant sur les récepteurs de la mélanocortine dans le cerveau.

Mode d'administration et dosage

Les peptides de mélanotan sont administrés par **injection sous-cutanée,** généralement dans la région abdominale.

Posologie (Melanotan I) : Pour le bronzage, la posologie typique de Melanotan I est de **0,5 à 1 mg par injection**, pris **1 à 2 fois par semaine**. Un dosage plus fréquent peut être nécessaire au départ pour augmenter les niveaux de mélanine.

Posologie (Melanotan II) : La posologie standard de Melanotan II est de **0,25 à 1 mg par injection**, prise **tous les deux jours**.

5.9 Peptides pour les femmes

Les déséquilibres hormonaux peuvent affecter les femmes à différentes étapes de la vie, des irrégularités menstruelles à la ménopause. Les peptides offrent une approche ciblée pour remédier à ces déséquilibres, en aidant les femmes à améliorer leur bien-être général, à gérer leurs symptômes et à améliorer leur qualité de vie.

Kisspeptin

Kisspeptin est un peptide qui joue un rôle clé dans la régulation des hormones de reproduction, notamment en stimulant la libération de l'hormone de libération des gonadotrophines (GnRH), qui à son tour régule la production d'œstrogène et de progestérone. Pour les femmes aux prises avec des problèmes de fertilité ou des déséquilibres hormonaux, Kisspeptin peut aider à rétablir des niveaux hormonaux normaux et à améliorer la santé reproductive. Il s'est avéré prometteur dans le traitement d'affections telles que le syndrome des ovaires polykystiques (SOPK), une cause fréquente d'infertilité chez les femmes.

Avantages

Amélioration de la fertilité : Kisspeptin stimule l'ovulation en favorisant la libération de GnRH, LH et FSH, améliorant ainsi la fertilité chez les femmes qui luttent contre les troubles ovulatoires.

Équilibre hormonal : En régulant la libération d'hormones sexuelles, Kisspeptin aide à équilibrer les niveaux d'œstrogène et de progestérone, favorisant des cycles menstruels réguliers et réduisant les symptômes de déséquilibre hormonal.

Soutien pour le SOPK : Kisspeptin s'est avérée prometteuse dans la régulation de l'ovulation et la réduction des déséquilibres hormonaux chez les femmes atteintes du SOPK, une cause fréquente d'infertilité.

Amélioration de la santé sexuelle : Kisspeptin peut améliorer la libido et la santé sexuelle en favorisant des niveaux d'hormones sains et en améliorant la fonction reproductive globale.

Mode d'administration et dosage

Kisspeptin est administrée par **injection sous-cutanée**.

Dosage : La posologie typique de Kisspeptin est **de 100 à 200 mcg par injection**, pris **1 à 2 fois par jour**.

Durée du cycle : Kisspeptin est souvent utilisée par cycles de **4 à 6 semaines**, en particulier pour les femmes qui essaient de concevoir ou de réguler leurs cycles menstruels.

Peptides pour la ménopause

La ménopause est un processus biologique naturel qui marque la fin des années de procréation d'une femme, se produisant généralement entre 45 et 55 ans. Il se caractérise par une baisse des niveaux d'œstrogène et de progestérone, entraînant des symptômes tels que des bouffées de chaleur, des sueurs nocturnes, des sautes d'humeur et des troubles du sommeil. Des peptides tels que **CJC-1295**, Ipamorelin et GHK-Cu se sont révélés prometteurs dans la gestion des symptômes de la ménopause en soutenant l'équilibre hormonal, en améliorant la santé de la peau et des cheveux et en améliorant le bien-être général.

Ces peptides stimulent la libération d'hormone de croissance, ce qui peut aider à atténuer les effets du déclin hormonal, favoriser un meilleur sommeil et soutenir les processus anti-âge, en particulier pour les femmes ménopausées.

Avantages

Soulagement des symptômes : Les peptides tels que CJC-1295 et Ipamorelin aident à soulager les symptômes courants de la ménopause, y compris les bouffées de chaleur, les sueurs nocturnes et les sautes d'humeur, en favorisant l'équilibre hormonal.

Amélioration de la santé de la peau et des cheveux : GHK-Cu soutient la production de collagène, ce qui peut aider à améliorer l'élasticité de la peau, à réduire les rides et à favoriser la croissance des cheveux, répondant ainsi aux problèmes esthétiques souvent associés à la ménopause.

Sommeil et niveaux d'énergie : En améliorant la libération d'hormone de croissance et en régulant les cycles de sommeil, ces peptides aident les femmes à obtenir une meilleure qualité de sommeil, une énergie accrue et un bien-être général amélioré.

Mode d'administration et dosage

Les peptides pour la ménopause sont généralement administrés par injection sous-cutanée.

Posologie : CJC-1295 et Ipamorelin sont généralement dosés à **100-300 mcg par injection**, pris **une fois par jour**, tandis que GHK-Cu est dosé à **2-5 mg par injection**, généralement pris **une fois par jour** pour les bienfaits de la peau et des cheveux.

Durée du cycle : Ces peptides sont souvent utilisés par cycles de **8 à 12 semaines**.

PT-141

PT-141 (Bremelanotide) est un peptide puissant qui augmente le désir sexuel et l'excitation chez les hommes et les femmes en agissant sur les récepteurs de la mélanocortine dans le cerveau. Pour les femmes,

PT-141 offre un traitement efficace pour la faible libido, le trouble du désir sexuel hypoactif (HSDD) et la dysfonction sexuelle, en particulier ceux liés aux changements hormonaux, tels que la ménopause. Contrairement aux traitements traditionnels de la libido qui se concentrent uniquement sur la performance physique, PT-141 cible les voies d'excitation du cerveau pour augmenter le désir sexuel.

Avantages

- **Augmentation de la libido** : PT-141 stimule directement le désir sexuel et l'excitation, ce qui le rend particulièrement efficace pour les femmes souffrant de faible libido ou de trouble du désir sexuel hypoactif (HSDD).
- **Amélioration de la satisfaction sexuelle** : En améliorant la réponse sexuelle, PT-141 peut améliorer la satisfaction sexuelle globale, ce qui permet aux femmes d'atteindre plus facilement l'orgasme et de profiter d'une vie sexuelle plus satisfaisante.
- **Action rapide** : PT-141 a un début d'action rapide, généralement dans les 30 à 60 minutes, ce qui le rend adapté à une utilisation avant l'activité sexuelle.

Mode d'administration et dosage

PT-141 est administré par **injection sous-cutanée**, généralement avant l'activité sexuelle.

- **Dosage** : La dose standard de PT-141 pour l'amélioration de la libido est **de 1 à 2 mg par injection**, prise environ **30 à 60 minutes avant l'activité sexuelle**.
- **Durée du cycle** : PT-141 peut être utilisé au besoin, généralement pas plus d'une fois toutes les 24 à 48 heures.

5.10 Peptides pour les hommes

À mesure que les hommes vieillissent, ils subissent une baisse des niveaux d'hormones, en particulier de testostérone. Cette condition, souvent appelée andropause ou ménopause masculine, peut entraîner des symptômes tels qu'une baisse d'énergie, une diminution de la libido, des sautes d'humeur et une réduction de la masse musculaire. Les peptides sont de plus en plus utilisés pour aider les hommes à remédier à ces déséquilibres hormonaux et à maintenir leur santé et leur vitalité à mesure qu'ils vieillissent.

Gonadorelin

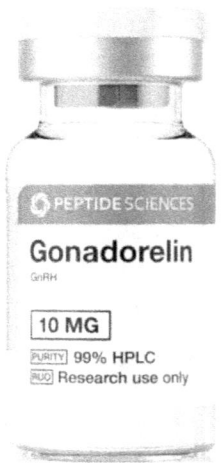

Gonadorelin est un peptide qui stimule la production d'hormone lutéinisante (LH), responsable de la régulation de la production de testostérone chez les hommes. En augmentant les niveaux de LH, Gonadorelin aide à stimuler la production naturelle de testostérone par le corps, ce qui en fait un traitement efficace pour les hommes souffrant d'un faible taux de testostérone. Il peut être utilisé comme alternative à la thérapie de remplacement de la testostérone (TRT) traditionnelle pour les hommes qui souhaitent restaurer leur taux naturel de testostérone sans dépendre des hormones synthétiques.

Avantages

Augmentation de la production de testostérone : Gonadorelin stimule la libération de LH et de FSH, entraînant une augmentation naturelle des niveaux de testostérone. Cela aide à améliorer la libido, l'énergie et la masse musculaire.

Fertilité : En plus d'augmenter la testostérone, Gonadorelin soutient la production de spermatozoïdes, améliorant la fertilité chez les hommes ayant un faible nombre de spermatozoïdes ou une mauvaise motilité des spermatozoïdes.

Humeur et clarté mentale : En rétablissant l'équilibre hormonal, Gonadorelin peut aider à améliorer l'humeur, à réduire les symptômes de la dépression et à améliorer la fonction cognitive.

Mode d'administration et dosage

Gonadorelin est administrée par injection sous-cutanée ou intramusculaire.

Dosage : La posologie typique de Gonadorelin pour la stimulation de la testostérone est **de 100 à 200 mcg par injection**, prise **1 à 2 fois par jour**.

Durée du cycle : Gonadorelin est souvent utilisée par cycles de **4 à 6 semaines**.

Kisspeptin

Kisspeptin joue également un rôle dans la santé hormonale masculine en régulant la libération de GnRH, qui à son tour stimule la production de testostérone. Il a été démontré que Kisspeptin améliore la fertilité chez les hommes en favorisant une production saine de spermatozoïdes et en améliorant la santé reproductive globale.

Pour les hommes souffrant d'une baisse du taux de testostérone en raison du vieillissement ou d'autres facteurs, Kisspeptin peut aider à rétablir l'équilibre et à améliorer la libido, les performances sexuelles et l'humeur.

Avantages

Augmentation des niveaux de testostérone : Kisspeptin stimule la production de testostérone, améliorant la libido, l'énergie et les performances sexuelles.

Fertilité : En stimulant la production de spermatozoïdes, Kisspeptin peut améliorer la fertilité chez les hommes ayant un faible nombre de spermatozoïdes ou une faible motilité des spermatozoïdes.

Amélioration de la santé sexuelle : Kisspeptin améliore le désir et les performances sexuelles, ce qui en fait un outil précieux pour les hommes ayant une faible libido ou une dysfonction érectile.

Mode d'administration et dosage

Kisspeptin est administrée par **injection sous-cutanée**.

Dosage : La posologie typique de Kisspeptin pour la fertilité et l'augmentation de la testostérone est **de 100 à 200 mcg par injection**, prise **1 à 2 fois par jour**.

Durée du cycle : Kisspeptin est couramment utilisée dans des **cycles de 4 à 6 semaines**.

PT-141

PT-141 est un autre peptide qui s'est avéré bénéfique pour les hommes souffrant de dysfonction érectile ou de faible libido. Contrairement aux médicaments traditionnels contre la dysfonction érectile, qui se concentrent sur l'amélioration de la circulation sanguine, PT-141 agit en stimulant le désir sexuel. Contrairement aux traitements traditionnels de la dysfonction érectile qui se concentrent uniquement sur l'augmentation du flux sanguin vers le pénis, PT-141 agit en stimulant le désir sexuel et en augmentant les mécanismes naturels d'excitation du corps.

Il s'est avéré efficace pour les hommes souffrant de dysfonction érectile (DE), en particulier ceux qui n'ont pas bien répondu aux inhibiteurs de la PDE5 (comme le Viagra).

Avantages

Amélioration de la fonction érectile : PT-141 améliore la fonction érectile en augmentant l'excitation sexuelle, ce qui le rend particulièrement efficace pour les hommes atteints de dysfonction érectile causée par des facteurs psychologiques ou hormonaux.

Augmentation de la libido : PT-141 stimule le désir sexuel, ce qui permet aux hommes d'obtenir et de maintenir plus facilement des érections pendant l'activité sexuelle.

Début rapide : PT-141 a un début d'action rapide, généralement dans les 30 à 60 minutes, ce qui le rend adapté à une utilisation à la demande avant l'activité sexuelle.

Mode d'administration et dosage

PT-141 est administré par **injection sous-cutanée**, généralement avant l'activité sexuelle.

Posologie : La posologie standard de PT-141 est de **1 à 2 mg par injection**, prise **30 à 60 minutes avant l'activité sexuelle**.

Durée du cycle : PT-141 est utilisé au besoin et ne doit pas être pris plus d'une fois toutes les 24 à 48 heures.

CHAPITRE 6. EMPILEMENTS ET COMBINAISONS DE PEPTIDES

La combinaison de peptides, connue sous le nom d'empilement de peptides, est une stratégie populaire utilisée par les personnes qui cherchent à améliorer l'efficacité de leur traitement peptidique. L'empilement de peptides permet aux utilisateurs d'obtenir des résultats et des avantages plus significatifs que l'utilisation d'un seul peptide, que leur objectif soit la croissance musculaire, la perte de graisse, l'anti-âge, l'amélioration cognitive ou le soutien immunitaire. Les empilements impliquent généralement deux peptides ou plus qui sont recyclés ensemble pendant une période spécifique, suivie d'une pause ou d'un « cycle de repos » pour permettre au corps de se réinitialiser. Ces cycles peuvent varier en fonction des objectifs de l'utilisateur et des peptides empilés.

Lorsqu'il est effectué correctement, l'empilement de peptides permet aux utilisateurs d'aborder plusieurs processus physiologiques simultanément, ce qui entraîne des effets synergiques qui dépassent les avantages de l'utilisation d'un seul peptide. Cependant, pour obtenir les meilleurs résultats, il est important de comprendre comment les différents peptides interagissent les uns avec les autres et comment les cycler efficacement pour éviter les rendements décroissants ou les effets secondaires.

Lors de l'empilement de peptides, l'objectif est de combiner des peptides qui agissent par des voies différentes mais complémentaires pour obtenir un plus large éventail d'effets. Cela permet d'obtenir de meilleurs résultats globaux dans des domaines tels que la croissance musculaire, la perte de graisse et la récupération. Par exemple, l'empilement de peptides libérant de l'hormone de croissance (GHRP) avec des peptides qui favorisent la réparation des tissus peut entraîner une meilleure récupération après les entraînements et une croissance musculaire plus importante.

6.1 Empilements/combos de peptides pour la perte de graisse

Ipamorelin + CJC-1295

La combinaison de Ipamorelin avec CJC-1295 crée une puissante pile de perte de graisse. Ipamorelin stimule la libération d'hormone de croissance, tandis que CJC-1295 augmente la durée de cette libération. Ensemble, ils stimulent le métabolisme et aident à réduire les graisses, en particulier lorsqu'ils sont associés à un régime alimentaire et à de l'exercice.

Avantages:

- **Décomposition des graisses :** Stimule la lipolyse en libérant de l'hormone de croissance.
- **Préservation musculaire :** Les deux peptides aident à conserver la masse musculaire pendant la perte de graisse.
- **Augmentation de l'énergie et du métabolisme :** Les utilisateurs constatent une augmentation du taux métabolique, brûlant plus de calories même au repos.

Posologie recommandée :

- **Ipamorelin :** 200 à 300 mcg par injection, prise 1 à 2 fois par jour.
- **CJC-1295 :** 1 mg par injection, deux fois par semaine.

Ipamorelin + CJC-1295 + AOD-9604

Cette combinaison exploite les propriétés de combustion des graisses de la stimulation de l'hormone de croissance (GH) avec les effets ciblés de perte de graisse de AOD-9604. Ipamorelin et CJC-1295 déclenchent tous deux la libération d'hormone de croissance, aidant au métabolisme des graisses et à la rétention musculaire. AOD-9604 augmente le processus de combustion des graisses sans augmenter le taux de sucre dans le sang, ce qui le rend idéal pour ceux qui souhaitent perdre du poids tout en préservant la masse musculaire maigre.

Avantages:

- **Décomposition des graisses** : Ipamorelin et CJC-1295 favorisent la lipolyse par stimulation de la GH. AOD-9604 ajoute une couche supplémentaire de réduction de la graisse, en particulier autour des zones tenaces comme l'abdomen.
- **Préservation musculaire** : Tout en se concentrant sur la réduction des graisses, la pile aide à maintenir la masse musculaire maigre.
- **Augmentation du métabolisme** : Les effets de l'hormone de croissance sur le métabolisme permettent de brûler des calories même au repos, tandis que AOD-9604 fournit des mécanismes spécifiques de ciblage des graisses.

Dosage:

- **Ipamorelin** : 200 à 300 mcg par injection, prise 1 à 2 fois par jour.
- **CJC-1295** : 1 mg par injection, deux fois par semaine.
- **AOD-9604** : 300 mcg par jour, par injection sous-cutanée.

Semaglutide + MOTS-C + Tesamorelin

Cet empilement combine **Semaglutide**, un agoniste du récepteur GLP-1 qui réduit l'appétit et favorise la perte de poids, **MOTS-C**, un peptide mitochondrial qui améliore l'oxydation des graisses, et **Tesamorelin**, qui cible spécifiquement la graisse viscérale. Ensemble, ces peptides créent une puissante pile de perte de graisse pour les personnes qui cherchent à réduire la graisse et à gérer la santé métabolique.

Avantages:

- **Contrôle de l'appétit : Semaglutide** aide à réduire les fringales et l'apport calorique en retardant la vidange gastrique.
- **Oxydation des graisses** : MOTS-C stimule la fonction mitochondriale, ce qui permet de brûler plus efficacement les graisses pendant l'exercice.
- **Réduction de la graisse viscérale** : Tesamorelin est particulièrement efficace pour réduire la graisse du ventre, améliorant ainsi la composition corporelle.

Mode d'administration et posologie :

- **Semaglutide** : 0,25 à 1,0 mg par semaine, par injection sous-cutanée.
- **MOTS-C** : 10 mg par semaine, répartis en 2 à 3 injections.
- **Tesamorelin** : 2 mg par jour, par injection sous-cutanée.

Cycle : 12 à 16 semaines, avec des pauses périodiques pour surveiller la sensibilité à l'insuline et les réponses métaboliques.

Tirzepatide + Tesofensine + 5-amino 1MQ

Tirzepatide combine la stimulation des récepteurs GLP-1 et GIP pour favoriser la perte de graisse et le contrôle métabolique. Associé à **Tesofensine**, qui supprime l'appétit, et au **5-Amino 1MQ,** qui aide le métabolisme cellulaire, cet empilement offre un puissant potentiel de combustion des graisses tout en maintenant l'énergie et la concentration pendant un régime de perte de poids.

Avantages:

- **Appétit et métabolisme** : Tirzepatide et Tesofensine agissent ensemble pour réduire la faim tout en augmentant la capacité de combustion des graisses du corps.
- **Métabolisme des graisses** : 5-Amino 1MQ stimule l'oxydation des graisses en ciblant les voies cellulaires impliquées dans le métabolisme.
- **Perte de poids** soutenue : Cette pile assure une perte de graisse régulière avec une masse musculaire maigre préservée.

Dosage:

- **Tirzepatide** : 2,5 à 15 mg par semaine, par injection sous-cutanée.
- **Tesofensine** : 0,5 mg par voie orale, par jour.
- **5-Amino 1MQ** : 50 à 100 mg par voie orale, par jour.

Cycle : 8 à 12 semaines pour de meilleurs résultats, avec des pauses pour réinitialiser les réponses métaboliques.

Tesamorelin + CJC-1295 + MK-677

Cette pile est idéale pour les personnes qui cherchent à brûler des graisses tout en gagnant de la masse musculaire maigre. **Tesamorelin** et **CJC-1295** stimulent tous deux la libération d'hormone de croissance, favorisant la perte de graisse, tandis que **MK-677** augmente l'appétit et soutient la croissance musculaire, ce qui en fait un empilement équilibré pour la recomposition corporelle.

Avantages:

- **Réduction de la graisse et gain musculaire** : Tesamorelin et CJC-1295 déclenchent le métabolisme des graisses tout en maintenant ou en augmentant la masse musculaire.
- **Augmentation de l'appétit et de la récupération** : MK-677 améliore l'appétit et favorise la récupération après des entraînements intenses.
- **Amélioration du métabolisme** : La combinaison accélère le métabolisme, assurant une combustion efficace des graisses tout au long de la journée.

Mode d'administration et posologie :

- **Tesamorelin** : 2 mg par jour.
- **CJC-1295** : 1 mg deux fois par semaine.

- **MK-677** : 10 à 25 mg par jour, par voie orale.

Cycle : 12 à 16 semaines avec une pause.

AOD-9604 + Ipamorelin + Tirzepatide

Cette pile exploite les capacités de combustion des graisses de AOD-9604, tandis que **Ipamorelin** et Tirzepatide accélèrent davantage la perte de graisse et améliorent le métabolisme. C'est une pile idéale pour les personnes qui ont besoin d'un fort contrôle de l'appétit et d'une réduction ciblée des graisses.

Avantages:

- **Réduction ciblée de la graisse** : AOD-9604 se concentre sur les zones graisseuses tenaces comme l'abdomen.
- **Suppression de l'appétit** : Tirzepatide freine les fringales, aidant les utilisateurs à adhérer à des régimes hypocaloriques.
- **Métabolisme des graisses** : Ipamorelin augmente la dégradation des réserves de graisse, améliorant ainsi la composition corporelle globale.

Dosage:

- **AOD-9604** : 300 mcg par jour, par injection.
- **Ipamorelin** : 200 à 300 mcg, 1 à 2 fois par jour, par injection.
- **Tirzepatide** : 5 mg par semaine, par injection.

NB : Cette liste n'est pas exhaustive, elle peut être ajustée en fonction de vos besoins personnels.

6.2 Empilements/combos de peptides pour la croissance musculaire

CJC-1295 + Ipamorelin + IGF-1 LR3

Cette puissante combinaison cible la production d'hormone de croissance, la prolifération des cellules musculaires et la récupération. **CJC-1295** fournit une libération soutenue de l'hormone de croissance, **Ipamorelin** déclenche des pics immédiats d'hormone de croissance et IGF-1 LR3 favorise la croissance et la régénération des cellules musculaires. Ensemble, ils forment une combinaison solide pour les individus visant à augmenter la masse musculaire, à améliorer la force et à accélérer la récupération.

Avantages:

- **Libération d'hormone de croissance** : CJC-1295 maintient des niveaux élevés d'hormone de croissance, favorisant la croissance musculaire à long terme.
- **Réparation et croissance musculaires** : IGF-1 LR3 augmente la prolifération des cellules musculaires, accélère la réparation après les entraînements et favorise une croissance musculaire plus dense.
- **Réduction des graisses :** Les effets de l'hormone de croissance sur le métabolisme aident à brûler les graisses tout en préservant la masse musculaire.

Dosage:

- **CJC-1295** : 1000 mcg deux fois par semaine, par injection sous-cutanée.
- **Ipamorelin** : 200 à 300 mcg, 1 à 2 fois par jour, par injection sous-cutanée.
- **IGF-1 LR3** : 20 à 50 mcg par jour, par injection sous-cutanée, de préférence après l'entraînement.

Cycle : 8 à 12 semaines avec des pauses de 4 à 6 semaines.

CJC-1295 + Ipamorelin + BPC-157

Cet empilement combine **CJC-1295** et **Ipamorelin** pour une libération soutenue et immédiate de l'hormone de croissance, associés au **BPC-157** pour favoriser une réparation rapide des tissus et réduire l'inflammation. **CJC-1295** fournit une libération régulière d'hormone de croissance, tandis que **Ipamorelin** stimule une poussée rapide, améliorant la croissance musculaire et la récupération. **BPC-157** les complète en aidant à la guérison et à la réparation, ce qui rend cette combinaison idéale pour les athlètes et les culturistes axés sur la force et la récupération.

Avantages:

- **Croissance musculaire** : CJC-1295 et Ipamorelin stimulent la libération d'hormone de croissance, ce qui contribue au développement et à l'entretien des muscles.
- **Récupération** : BPC-157 accélère la réparation des tissus, réduit l'inflammation et favorise une récupération plus rapide après les entraînements.
- **Réduction du risque de blessure** : BPC-157 favorise la santé des articulations, des ligaments et des tendons, ce qui le rend idéal pour prévenir les blessures de surutilisation.

Dosage:

- **CJC-1295** : 1000 mcg deux fois par semaine, par injection sous-cutanée.
- **Ipamorelin** : 200 à 300 mcg, 1 à 2 fois par jour, par injection sous-cutanée.
- **BPC-157** : 200 à 500 mcg par jour, par injection sous-cutanée.

Cycle : 8 à 12 semaines, avec une pause de 4 à 6 semaines.

CJC-1295 + GHRP-2 + BPC-157

Cette pile de croissance et de récupération musculaire combine **CJC-1295** et **GHRP-2** pour stimuler la libération d'hormone de croissance tandis que **BPC-157** favorise la réparation des tissus. **CJC-1295** fournit un coup de pouce à l'hormone de croissance à action prolongée, et **le GHRP-2** offre des pics de GH immédiats, ce qui améliore la croissance musculaire et améliore la vitesse de récupération. **BPC-157** aide à réduire l'inflammation et soutient la santé des articulations, ce qui est particulièrement utile lors d'entraînements intenses.

Avantages:

- **Masse musculaire et perte de graisse** : CJC-1295 et GHRP-2 stimulent l'hormone de croissance, favorisant la croissance musculaire maigre et aidant à réduire la graisse corporelle.
- **Récupération accélérée** : BPC-157 aide à réparer les tissus endommagés et à réduire l'inflammation, ce qui contribue à une récupération plus rapide.

- **Amélioration de la santé des articulations** : BPC-157 soutient les ligaments et les tendons, réduisant ainsi le risque de blessure lors de levage de charges lourdes ou d'exercices intenses.

Dosage:

- **CJC-1295** : 1000 mcg deux fois par semaine, par injection sous-cutanée.
- **GHRP-2** : 100 à 300 mcg, 1 à 2 fois par jour, par injection sous-cutanée.
- **BPC-157** : 200 à 500 mcg par jour, par injection sous-cutanée.

Cycle : 8 à 12 semaines, avec des pauses entre les deux.

CJC-1295 + GHRP-6 + BPC-157

Ce combo combine **CJC-1295** et **GHRP-6** pour favoriser la libération d'hormone de croissance avec **BPC-157** pour la cicatrisation des tissus et la réduction de l'inflammation. **CJC-1295** permet une libération durable de la GH, tandis que **le GHRP-6** induit un fort appétit, favorisant les gains musculaires pour ceux qui souhaitent prendre du volume. **BPC-157** aide à la réparation des tissus, ce qui rend cette pile bénéfique pour la croissance musculaire, la récupération et la prévention des blessures.

Avantages:

- **Libération d'hormone de croissance et développement musculaire** : CJC-1295 et GHRP-6 travaillent ensemble pour soutenir la croissance musculaire, réduire la graisse et améliorer la récupération.
- **Amélioration de l'appétit pour la prise de masse** : Le GHRP-6 stimule l'appétit, ce qui facilite la satisfaction des besoins caloriques accrus pour la croissance musculaire.
- **Guérison plus rapide et réduction de l'inflammation** : BPC-157 favorise la récupération des muscles, des tendons et des ligaments, réduisant ainsi les temps d'arrêt entre les séances d'entraînement.

Dosage:

- **CJC-1295** : 1000 mcg deux fois par semaine, par injection sous-cutanée.
- **GHRP-6** : 100 à 300 mcg, 1 à 2 fois par jour, par injection sous-cutanée.
- **BPC-157** : 200 à 500 mcg par jour, par injection sous-cutanée.

Cycle : 8 à 12 semaines, avec une pause de 4 semaines entre les cycles.

MK-677 + GHRP-6 + PEG-MGF

Ce combo combine **MK-677**, un sécrétagogue de l'hormone de croissance orale, avec **GHRP-6**, un puissant GHRP qui augmente la sécrétion de GH, et **PEG-MGF**, qui stimule la réparation musculaire. Cette pile est conçue pour les personnes axées sur la prise de masse, car elle favorise à la fois le gain musculaire et une meilleure récupération.

Avantages:

- **Gain de muscle maigre** : MK-677 et GHRP-6 stimulent la libération de GH, favorisant l'hypertrophie et la rétention musculaires.

- **Amélioration de la récupération :** PEG-MGF aide à la réparation musculaire en augmentant l'activation des cellules satellites, accélérant ainsi le processus de récupération après un entraînement intense.
- **Appétit :** Le GHRP-6 stimule l'appétit, favorisant l'augmentation de l'apport calorique nécessaire à la croissance musculaire.

Dosage:

- **MK-677 (oral) :** 10 à 25 mg par jour.
- **GHRP-6 :** 100 à 200 mcg, 1 à 2 fois par jour, par injection sous-cutanée.
- **PEG-MGF :** 200 à 400 mcg, 2 à 3 fois par semaine, par injection sous-cutanée.

Cycle : 12 à 16 semaines pour de meilleurs résultats, suivi d'une pause de 4 semaines pour réinitialiser les récepteurs de l'hormone de croissance (GH).

TB-500 + BPC-157 + CJC-1295

Cette pile / combinaison est axée sur la récupération et la réparation musculaires, ce qui la rend utile pour les athlètes ou les bodybuilders qui se remettent de blessures ou ceux qui suivent un entraînement de haute intensité. **TB-500** et **BPC-157** accélèrent la réparation des tissus, tandis que **CJC-1295** stimule l'hormone de croissance pour favoriser la récupération et la croissance musculaire.

Avantages:

- **Récupération des blessures :** TB-500 et BPC-157 accélèrent la guérison des blessures musculaires, tendineuses et ligamentaires.
- **Réparation tissulaire :** CJC-1295 favorise la régénération musculaire à long terme en augmentant les niveaux d'hormone de croissance.
- **Endurance musculaire améliorée :** Cette pile aide les muscles à récupérer plus rapidement, ce qui permet d'en avoir plus

Dosage:

- **TB-500 :** 2 à 5 mg par semaine, par injection sous-cutanée.
- **BPC-157 :** 200 à 500 mcg, 1 à 2 fois par jour, par injection sous-cutanée.
- **CJC-1295 :** 1000 mcg deux fois par semaine, par injection sous-cutanée.

IGF-1 DES + Follistatin-344 + GHRP-2

Ce puissant empilement / combo de renforcement musculaire se concentre sur la croissance des cellules musculaires et l'inhibition de la myostatine, une protéine qui limite le développement musculaire. **IGF-1 DES** et la **Follistatin-344** favorisent l'hypertrophie musculaire en encourageant la croissance de nouvelles fibres musculaires et en bloquant la myostatine. **GHRP-2** soutient la sécrétion d'hormone de croissance pour aider davantage à la réparation et à la croissance musculaires.

Avantages:

- **Hypertrophie musculaire :** IGF-1 DES et la follistatine-344 augmentent considérablement la croissance des cellules musculaires, ce qui entraîne des gains rapides de taille et de force.
- **Inhibition de la myostatine :** La follistatine-344 bloque la myostatine, permettant une croissance musculaire sans retenue.
- **Augmentation de l'hormone de croissance :** GHRP-2 déclenche la libération naturelle de GH, augmentant la réparation et les performances musculaires.

Dosage:

- **IGF-1 DES :** 50 à 100 mcg par jour, par **injection sous-cutanée** ou intramusculaire.
- **Follistatin-344 :** 100 mcg par jour pendant 10 jours, par **injection sous-cutanée** ou intramusculaire.
- **GHRP-2 :** 100 à 200 mcg, 1 à 2 fois par jour, par injection sous-cutanée.

Cycle : 8 à 10 semaines pour un gain musculaire optimal, suivi d'une pause de 4 à 6 semaines.

Hexarelin + Ipamorelin + IGF-1 LR3

En combinant **Hexarelin**, l'un des peptides libérant l'hormone de croissance les plus puissants, avec **Ipamorelin** et **IGF-1 LR3**, cette pile augmente la libération d'hormone de croissance à court et à long terme. **Hexarelin** et Ipamorelin assurent ensemble un puissant pic de GH, tandis que IGF-1 LR3 favorise la croissance et la réparation musculaires, ce qui rend cette pile efficace pour la construction musculaire et la recomposition corporelle.

Avantages:

- **Puissante libération de GH :** Hexarelin fournit une forte poussée d'hormone de croissance, complétée par la libération progressive et soutenue d'Ipamorelin.
- **Croissance musculaire :** IGF-1 LR3 favorise la croissance de nouvelles cellules musculaires et aide à réparer les micro-déchirures causées par un entraînement intense.
- **Amélioration de la composition corporelle :** Cette pile favorise l'hypertrophie musculaire tout en réduisant la graisse corporelle.

Dosage:

- **Hexarelin :** 100 à 200 mcg, 1 à 2 fois par jour, par injection sous-cutanée.
- **Ipamorelin :** 200 à 300 mcg, 1 à 2 fois par jour, par injection sous-cutanée.
- **IGF-1 LR3 :** 20 à 50 mcg par jour, par injection sous-cutanée.

Cycle : 8 à 12 semaines avec une pause de 4 semaines.

Hexarelin + TB-500 + PEG-MGF

Ce combo/stack est conçu pour une croissance musculaire et une récupération significatives. **Hexarelin** est un puissant peptide libérant de l'hormone de croissance, **TB-500** favorise la réparation des tissus et réduit l'inflammation, et **PEG-MGF** (Pegylated Mechano Growth Factor) stimule la réparation et la croissance des cellules musculaires. Cette pile est idéale pour les athlètes et les bodybuilders qui visent à optimiser les gains musculaires, à améliorer la vitesse de récupération et à prévenir les blessures.

Avantages:

- **Libération maximale d'hormone de croissance** : Hexarelin fournit un puissant coup de pouce à la GH, favorisant le développement musculaire et réduisant les réserves de graisse.
- **Réparation des tissus et des muscles** : TB-500 accélère la guérison et soutient la santé du tissu conjonctif, ce qui le rend excellent pour la prévention des blessures.
- **Augmentation de la croissance des cellules** musculaires : PEG-MGF favorise la croissance des fibres musculaires et aide à la récupération après un exercice intense.

Mode d'administration et posologie :

- **Hexarelin** : 100 à 200 mcg, 1 à 2 fois par jour, par injection sous-cutanée.
- **TB-500** : 2 à 5 mg par semaine, par injection sous-cutanée.
- **PEG-MGF** : 200 à 400 mcg, 2 à 3 fois par semaine, injecté directement dans le muscle après l'entraînement.

Cycle : 8 à 12 semaines, avec une pause de 4 semaines pour permettre aux récepteurs de l'hormone de croissance de se réinitialiser.

6.3 Piles/combos de santé cérébrale et de performances cognitives

Semax + Selank + Cerebrolysin

Cette combinaison de **Semax**, **Selank** et **Cerebrolysin** se concentre sur l'amélioration de la fonction cognitive, la rétention de la mémoire et la neuroprotection. **Semax** est un peptide nootropique connu pour améliorer la concentration et les performances cognitives, tandis que **Selank** aide à réduire l'anxiété et améliore l'humeur. **Cerebrolysin**, un mélange de neuropeptides, protège les cellules cérébrales et favorise la réparation du cerveau, ce qui rend cette pile idéale pour stimuler la clarté mentale et la santé cérébrale à long terme.

Avantages:

- **Amélioration de la concentration et de la mémoire** : Semax améliore la concentration, l'attention et la capacité d'apprentissage. Il est souvent utilisé par les personnes à la recherche de performances mentales plus affûtées.
- **Réduction de l'anxiété et du stress** : Selank agit comme un anxiolytique, aidant à réduire le stress et l'anxiété, conduisant à une meilleure fonction cognitive globale.
- **Neuroprotection et réparation cérébrale** : Cerebrolysin soutient la réparation des cellules cérébrales et protège les neurones des dommages, ce qui la rend bénéfique à la fois pour l'amélioration cognitive et la neuroprotection.

Posologie recommandée :

- **Semax** : 300 mcg, 2 à 3 fois par jour, par spray nasal ou injection. **Le spray nasal** est la méthode la plus courante.
- **Selank** : 200 à 300 mcg, 2 à 3 fois par jour, par spray nasal ou injection.

- **Cerebrolysin (injection)** : 5 à 10 ml, 2 à 3 fois par semaine, par injection intramusculaire ou intraveineuse.

Cycle : 4 à 6 semaines, suivi d'une pause de 2 semaines pour vérifier les améliorations cognitives et la réponse.

Semax + Selank + Dihexa

Ce combo/stack combine **Semax**, **Selank** et **Dihexa** pour augmenter la concentration, réduire l'anxiété et améliorer la connectivité synaptique dans le cerveau. **Semax** est connu pour ses effets stimulants cognitifs, améliorant la mémoire et la concentration, tandis que **Selank** réduit le stress et l'anxiété. **Dihexa** améliore la neuroplasticité en favorisant la formation de nouvelles synapses, ce qui est bénéfique pour la mémoire à long terme et la résilience cognitive. Ensemble, ces peptides forment un puissant support cognitif idéal pour les professionnels, les étudiants ou toute personne ayant besoin d'une clarté mentale soutenue.

Avantages:

- **Augmentation de la concentration et de la mémoire** : Semax améliore la concentration et l'acuité mentale, ce qui permet de rester plus facilement concentré sur des tâches complexes.
- **Réduction du stress et de l'anxiété** : Selank stabilise l'humeur, réduit l'anxiété et favorise un état calme et concentré, améliorant ainsi la fonction cognitive globale.
- **Neuroplasticité** : Dihexa soutient la formation des synapses, aidant à la rétention de la mémoire et à la flexibilité cognitive, particulièrement précieux pour l'apprentissage et la résolution de problèmes.

Posologie recommandée :

- **Semax** : 300 mcg, 2 à 3 fois par jour, par spray nasal ou injection. Le spray nasal est couramment utilisé pour plus de commodité.
- **Selank :** 200 à 300 mcg, 2 à 3 fois par jour, par vaporisateur nasal ou injection
- **Dihexa** : 10 mg par jour, par injection orale ou intramusculaire.

Cycle : 8 à 12 semaines, avec une pause de 4 semaines pour permettre aux récepteurs de se réinitialiser, en particulier avec Dihexa.

Dihexa + Selank + FGL

Ce combo / pile combine **Dihexa**, **Selank** et **FGL,** qui favorisent tous la neuroplasticité, l'amélioration cognitive et la formation de la mémoire. **Dihexa** est un puissant peptide nootropique qui améliore la connectivité synaptique, tandis que **Selank** réduit l'anxiété et le stress, qui entravent souvent les performances cognitives. **FGL** soutient la neuroplasticité et la rétention de la mémoire, ce qui rend cette pile excellente pour l'amélioration cognitive à long terme et la réparation du cerveau.

Avantages:

- **Amélioration de la neuroplasticité** : Dihexa et FGL travaillent ensemble pour améliorer les connexions synaptiques, soutenant l'apprentissage et la mémoire.
- **Stabilisation de l'humeur** : Selank aide à équilibrer l'humeur et à réduire le stress, ce qui permet une meilleure fonction cognitive.

- **Soutien de la mémoire** : Cette combinaison aide à former et à conserver de nouveaux souvenirs, ce qui la rend idéale pour les étudiants, les professionnels ou les personnes se remettant de lésions cérébrales.

Posologie recommandée :

- **Dihexa :** 10 mg par jour, par voie orale ou intramusculaire.
- **Selank :** 200 à 300 mcg, 2 à 3 fois par jour, par spray nasal ou injection.
- **FGL :** 100 à 200 mcg, 1 à 2 fois par jour, par injection sous-cutanée.

Cycle : 8 à 12 semaines, avec une pause de 4 semaines entre les cycles pour éviter l'accumulation de tolérance.

Cerebrolysin + Semax + Epitalon

Cette combinaison met l'accent sur la réparation du cerveau et la neuroprotection, en particulier pour les personnes atteintes de maladies neurodégénératives ou de déclin cognitif. **Cerebrolysin** et **Semax** stimulent la réparation du cerveau et l'amélioration cognitive, tandis que **Epitalon** régule les rythmes circadiens et la production de mélatonine, soutenant à la fois la fonction cérébrale et la qualité du sommeil, ce qui est essentiel pour la récupération cognitive.

Avantages:

- **Amélioration et réparation cognitives** : Cerebrolysin améliore la fonction cérébrale en stimulant la croissance et la réparation des neurones, ce qui la rend idéale pour l'amélioration cognitive et les maladies neurodégénératives.
- **Concentration et clarté mentale** : Semax stimule les performances mentales en augmentant les niveaux de neurotransmetteurs et en améliorant la concentration.
- **Soutien du sommeil** : Epitalon régule la production de mélatonine, assurant un meilleur sommeil, ce qui est important pour la réparation du cerveau et la santé cognitive.

Posologie recommandée :

- **Cerebrolysin :** 5 à 10 ml, 2 à 3 fois par semaine.
- **Semax :** 300 mcg, 2 à 3 fois par jour, par spray nasal ou injection.
- **Epitalon (injection ou oral) :** 1 à 3 mg par jour, par **injection sous-cutanée** ou **par voie orale**, de préférence avant le coucher.

Cycle : 4 à 6 semaines avec une pause de 2 semaines.

Epitalon + Selank + Dihexa

Ce combo/stack se concentre sur l'amélioration de la fonction cognitive tout en soutenant la longévité du cerveau et le bien-être mental général. **Epitalon** améliore la qualité du sommeil et régule les rythmes circadiens, qui sont essentiels à la récupération cognitive et à la neuroprotection. **Selank** réduit l'anxiété et améliore la clarté mentale, tandis que **Dihexa** favorise les connexions synaptiques, favorisant la santé du cerveau à long terme et l'amélioration cognitive.

Avantages:

- **Longévité cognitive** : Epitalon régule le sommeil et les rythmes circadiens, favorisant ainsi la santé du cerveau à long terme.
- **Réduction de l'anxiété et du stress** : Selank favorise un état mental calme, améliorant la concentration et réduisant le stress cognitif.
- **Soutien à la neuroplasticité** : Dihexa améliore la formation synaptique, aidant à l'apprentissage, à la rétention de la mémoire et à la flexibilité cognitive.

Posologie recommandée :

- **Epitalon (injection ou oral) :** 1 à 3 mg par jour, par injection sous-cutanée ou par voie orale, de préférence avant le sommeil.
- **Selank :** 200 à 300 mcg, 2 à 3 fois par jour, par vaporisateur nasal ou injection
- **Dihexa :** 10 mg par jour, par voie orale ou par injection intramusculaire.

Cycle : 8 à 12 semaines, suivi d'une pause de 4 semaines pour évaluer les améliorations cognitives.

Semax + CJC-1295 + GHRP-2

Ce combo / pile se concentre sur la combinaison d'aides cognitives avec le soutien de l'hormone de croissance pour améliorer à la fois la fonction cérébrale et la récupération physique. **Semax** aiguise la clarté mentale et la mémoire, tandis que **CJC-1295** et **GHRP-2** stimulent la libération d'hormone de croissance, aidant à la récupération globale du cerveau et du corps. Cette pile est utile pour les personnes cherchant à améliorer leurs performances cognitives tout en bénéficiant des effets régénérateurs de l'hormone de croissance.

Avantages:

- **Clarté mentale et concentration** : Semax augmente l'acuité mentale et aide à améliorer la mémoire.
- **Soutien de l'hormone de croissance** : CJC-1295 et GHRP-2 aident à la récupération des lésions cérébrales et du déclin cognitif en favorisant la réparation des tissus et la neurogenèse.
- **Récupération cognitive et physique globale** : Les peptides de l'hormone de croissance agissent en synergie avec Semax pour améliorer la santé du cerveau et du corps.

Posologie recommandée :

- **Semax :** 300 mcg, 2 à 3 fois par jour, par voie intranasale.
- **CJC-1295 :** 1000 mcg deux fois par semaine, par injection sous-cutanée.
- **GHRP-2** 100 à 300 mcg, 1 à 2 fois par jour, par injection sous-cutanée.

Cycle : 8 à 12 semaines, suivi d'une pause de 4 semaines pour réinitialiser les récepteurs de l'hormone de croissance.

Dihexa + Orexin A + FGL

Cette pile est une combinaison avancée pour la santé du cerveau, combinant **Dihexa** pour la connectivité synaptique, **Orexin A** pour l'éveil et **FGL** (une molécule d'adhésion cellulaire neuronale mimétique) pour améliorer l'apprentissage et la mémoire. **Dihexa** soutient la neuroplasticité, améliorant la capacité d'apprentissage et la clarté mentale. **Orexin A** favorise l'éveil, luttant contre la fatigue diurne et le brouillard cérébral. **FGL favorise la** rétention de la mémoire, ce qui rend cette pile particulièrement précieuse pour les personnes cherchant à améliorer la mémoire à long terme et la concentration soutenue tout au long de la journée.

Avantages:

- **Neuroplasticité et flexibilité cognitive** : Dihexa favorise les connexions synaptiques, améliorant la vitesse d'apprentissage et la flexibilité mentale.
- **Augmentation de la vigilance et de l'énergie** : Orexin A réduit la fatigue, favorise une énergie soutenue et améliore l'endurance mentale, ce qui facilite le maintien de la vigilance pendant de longues périodes.
- **Amélioration de** la mémoire : FGL aide à la consolidation et à la rétention de la mémoire, prenant en charge la mémoire à court et à long terme.

Posologie recommandée :

- **Dihexa :** 10 mg par jour, par voie orale ou intramusculaire.
- **Orexin A :** 10 à 20 mg au besoin, par voie intranasale, généralement pris le matin.
- **FGL :** 100 à 200 mcg par jour, par injection sous-cutanée ou intramusculaire.

Cycle : 8 à 12 semaines, avec des pauses périodiques pour Orexin A afin de prévenir la tolérance aux récepteurs et de maintenir les avantages cognitifs.

Semax + PE-22-28 + Orexin A

Cette combinaison combine **Semax**, **PE-22-28** et **Orexin A** pour le soutien cognitif, l'amélioration de la mémoire et la vigilance. **Semax** améliore la concentration et les performances cognitives, tandis que **PE-22-28** (un analogue du facteur neurotrophique dérivé du cerveau) favorise la survie des cellules cérébrales et la neuroplasticité. **Orexin A** améliore l'éveil et l'énergie mentale, ce qui rend cette pile idéale pour les personnes qui cherchent à stimuler la vigilance et la clarté cognitive tout au long de la journée.

Avantages:

- **Amélioration des performances cognitives** : Semax aiguise la concentration, améliore la clarté mentale et améliore la rétention de la mémoire, ce qui facilite la réalisation de tâches complexes.
- **Neuroplasticité et santé des cellules cérébrales** : PE-22-28 favorise la croissance et la survie des cellules cérébrales, contribuant à la formation de la mémoire et à la résilience cognitive.
- **Augmentation de la vigilance et de l'éveil** : Orexin A favorise naturellement l'éveil et des niveaux d'énergie soutenus, réduisant la fatigue cognitive et améliorant l'endurance mentale.

Mode d'administration et posologie :

- **Semax** : 300 mcg, 2 à 3 fois par jour, par spray nasal ou injection.
- **PE-22-28 :** 100 à 200 mcg, 1 à 2 fois par jour, injection sous-cutanée.
- **Orexin A** : 10 à 20 mg, par voie intranasale, généralement administrée le matin ou pendant les périodes de fatigue cognitive.

Cycle : 8 à 10 semaines avec une pause de 4 semaines, en particulier pour Orexin A afin d'éviter la tolérance aux récepteurs et de maintenir son efficacité.

6.4 Empilements/combos de peptides pour la longévité et l'anti-âge

Epitalon + Thymalin + GHK-Cu

Ce combo/stack se concentre sur la promotion de la longévité et de la vitalité globale grâce à Epitalon, **au thymalin** et au **GHK-Cu**. **Epitalon** est connu pour sa capacité à activer la télomérase, qui aide à allonger les télomères et à retarder le vieillissement cellulaire. **Thymalin** améliore la fonction immunitaire et aide à inverser une partie du déclin immunitaire lié à l'âge. **GHK-Cu** est un peptide de cuivre qui favorise la régénération cellulaire, la cicatrisation des plaies et la santé de la peau, ce qui fait de cette pile une combinaison puissante pour les personnes qui cherchent à augmenter leur durée de vie.

Avantages:

- **Extension des télomères** : Epitalon stimule la télomérase, aidant à allonger les télomères, qui sont essentiels pour protéger les cellules du vieillissement.
- **Soutien immunitaire** : Thymalin stimule la fonction immunitaire, qui décline généralement avec l'âge, aidant à protéger contre les maladies et les infections liées à l'âge.
- **Régénération cellulaire et santé de la peau** : GHK-Cu améliore l'élasticité de la peau, réduit les rides et favorise la réparation des tissus, améliorant ainsi les signes internes et externes du vieillissement.

Posologie recommandée :

- **Epitalon** : 1 à 3 mg par jour, injecté par voie sous-cutanée ou intramusculaire, pendant 10 à 20 jours. Ce cycle peut être répété tous les 6 mois.
- **Thymalin :** 10 à 20 mg par jour pendant 5 à 10 jours, injecté par voie sous-cutanée.
- **GHK-Cu :** 2 à 5 mg par jour, injecté par voie sous-cutanée ou appliqué **localement** sous forme de crème à une concentration de **0,5 à 1 %**.

Cycle : 10 à 20 jours pour Epitalon et le Thymalin, avec une utilisation continue plus longue de GHK-Cu (jusqu'à 4 à 6 semaines). Les cycles de Epitalon et du Thymalin peuvent être répétés tous les 6 à 12 mois ou une fois par an.

Epitalon + BPC-157 + TB-500

Ce combo/stack utilise **Epitalon** pour l'entretien et la longévité des télomères, **BPC-157** pour la réparation des tissus et les effets anti-inflammatoires, et **TB-500** pour soutenir la santé des tissus neuronaux et conjonctifs. **Epitalon** est connu pour son rôle dans l'activation de la télomérase, qui peut aider à retarder le vieillissement cellulaire dans le cerveau. **BPC-157** favorise la résilience et la réparation du cerveau en réduisant l'inflammation, et **TB-500** favorise la récupération neuronale, en particulier pour les personnes sujettes à la fatigue cognitive ou au brouillard cérébral lié à l'inflammation. Ensemble, ces peptides forment un puissant combo / pile anti-âge qui aide à protéger la santé du cerveau à long terme.

Avantages:

- **Maintien des télomères pour la longévité** : Epitalon active la télomérase, soutenant la santé cellulaire et retardant le vieillissement au niveau de l'ADN, favorisant la longévité cognitive.
- **Réparation neuronale et résilience** : BPC-157 réduit l'inflammation et améliore la récupération neuronale, protégeant ainsi la fonction cérébrale au fil du temps.
- **Soutien des tissus conjonctifs et anti-inflammatoire** : TB-500 agit en synergie avec BPC-157 pour favoriser la réparation des tissus et atténuer l'inflammation, ce qui est utile pour réduire la fatigue cognitive.

Posologie recommandée :

- **Epitalon** : 1 à 3 mg par jour pendant 10 à 20 jours, injecté par voie sous-cutanée, de préférence administré le soir. Ce cycle peut être répété tous les 6 mois.
- **BPC-157** : 200 à 500 mcg par jour, injecté par voie sous-cutanée.
- **TB-500** : 2 à 5 mg par semaine, injecté par voie sous-cutanée.
- **Cycle** : 8 à 12 semaines avec une pause de 4 semaines pour BPC-157 et **TB-500**.

Epitalon + Humanin + GHK-Cu

Cette combinaison de longévité comprend **Epitalon** pour la santé des télomères, **l'Humanin** pour lutter contre le stress oxydatif et protéger les cellules cérébrales, et **GHK-Cu** pour soutenir la régénération cellulaire et la production de collagène. **Epitalon** aide à ralentir le vieillissement cellulaire, tandis que **l'Humanin** agit comme un peptide neuroprotecteur, réduisant le stress cellulaire et soutenant la santé mitochondriale. **GHK-Cu** favorise davantage la réparation cellulaire et réduit l'inflammation, ce qui rend cet empilement bénéfique pour les personnes qui cherchent à maintenir leur résilience cognitive et leur santé cérébrale en vieillissant.

Avantages:

- **Longévité cellulaire et soutien des télomères** : Epitalon aide à maintenir la longueur des télomères, retardant le vieillissement cellulaire et soutenant la santé cognitive.
- **Protection mitochondriale et réduction du stress** : Humanin améliore la fonction mitochondriale, réduisant le stress oxydatif et soutenant la survie des cellules cérébrales, essentielle à la longévité.
- **Régénération cellulaire et réduction de l'inflammation** : GHK-Cu favorise la production de collagène et la réparation des tissus, réduisant ainsi l'inflammation qui peut nuire à la santé du cerveau.

Posologie recommandée :

- **Epitalon** : 1 à 3 mg par jour pendant 10 à 20 jours, injecté par voie sous-cutanée, pris le soir pour s'aligner sur les rythmes circadiens naturels. Ce cycle peut être répété une fois par an.
- **Humanin** : 5 mg par jour, injecté par voie sous-cutanée, pour soutenir la fonction mitochondriale.
- **GHK-Cu** : 2 à 5 mg par jour, injecté par voie sous-cutanée ou sous forme de **sérum** topique à 0,5 à 1 %.

Cycle : 8 à 12 semaines, suivi d'une pause de 4 à 6 semaines, en particulier pour Epitalon et Humanin.

MOTS-C + Humanin + SS-31 (Elamipretide)

Ce combo/stack se concentre sur la santé mitochondriale et l'énergie cellulaire, ce qui aide à ralentir le processus de vieillissement. **MOTS-C** et **Humanin** sont des peptides mitochondriaux qui augmentent la production d'énergie et protègent les cellules du stress oxydatif. **SS-31 (élamiprétide)** est un peptide ciblant les mitochondries qui aide à améliorer la fonction mitochondriale, réduit l'inflammation et protège les cellules des dommages liés à l'âge, ce qui rend cet empilement utile pour améliorer la longévité au niveau cellulaire.

Avantages:

- **Santé et énergie mitochondriales** : MOTS-C et Humanin améliorent la fonction mitochondriale, soutenant des niveaux d'énergie plus élevés et réduisant le risque de fatigue et de maladies liées à l'âge.

- **Protection contre les dommages cellulaires** : SS-31 protège les mitochondries du stress oxydatif et réduit l'inflammation, qui sont des contributeurs majeurs au vieillissement.

- **Amélioration de la durée de vie et de l'espérance de vie** : Ensemble, ces peptides favorisent une vie plus longue et plus saine en s'attaquant au dysfonctionnement mitochondrial, l'une des caractéristiques du vieillissement.

Posologie recommandée :

- **MOTS-C** : 10 à 15 mg par semaine, divisés en 2 à 3 doses, injectés par voie sous-cutanée.
- **Humanin** : 5 mg par jour, injecté par voie sous-cutanée.
- **SS-31** : 5 à 10 mg par jour, injecté par voie sous-cutanée.

Cycle : 8 à 12 semaines d'utilisation continue, suivies d'une pause de 4 semaines.

Epitalon + CJC-1295 + GHRP-2

Ce combo/stack cible à la fois l'anti-âge et l'optimisation hormonale en combinant **Epitalon**, **CJC-1295** et **GHRP-2**. **Epitalon** prolonge la durée de vie en activant la télomérase et en allongeant les télomères, tandis que **CJC-1295** et **le GHRP-2** stimulent la production naturelle d'hormone de croissance, favorisant la réparation des tissus, la perte de graisse et la préservation musculaire, qui sont tous importants pour un vieillissement en bonne santé.

Avantages:

- **Stimulation de l'hormone de croissance** : CJC-1295 et GHRP-2 augmentent les niveaux d'hormone de croissance, qui diminuent avec l'âge, aidant à améliorer la masse musculaire, à réduire la graisse et à soutenir la réparation des tissus.

- **Protection des télomères** : Epitalon aide à protéger les télomères, retardant le vieillissement cellulaire et favorisant la longévité.

- **Amélioration de la composition corporelle** : Cette pile aide à maintenir un équilibre sain entre les muscles maigres et les graisses, même si le vieillissement ralentit le métabolisme.

Posologie recommandée :

- **Epitalon** : 1 à 3 mg par jour pendant 10 à 20 jours, injecté par voie sous-cutanée.

- **CJC-1295** : 1000 mcg deux fois par semaine, par voie sous-cutanée.
- **GHRP-2** : 100 à 200 mcg, 1 à 2 fois par jour, injecté par voie sous-cutanée.

Cycle : 10 à 12 semaines avec une pause de 4 à 6 semaines. Epitalon est cyclique tous les 6 mois, tandis que CJC-1295 et GHRP-2 peuvent être utilisés pendant de plus longues périodes, avec des pauses périodiques.

GHK-Cu + BPC-157 + TB-500

Ce combo/stack est axé sur la réparation des tissus, la cicatrisation des plaies et la santé cellulaire globale. **GHK-Cu** favorise la production de collagène et la régénération de la peau, **BPC-157** accélère la réparation des tissus et réduit l'inflammation, et **TB-500** favorise la récupération des blessures et favorise la guérison des muscles et des tendons. Ensemble, ils créent un combo / pile anti-âge et de récupération utile, aidant le corps à maintenir des tissus jeunes et à réparer les dommages liés à l'âge.

Avantages:

- **Réparation de la peau et des tissus** : GHK-Cu améliore l'élasticité de la peau et réduit les rides, tandis que BPC-157 et TB-500 aident à guérir les blessures et à réduire l'inflammation.
- **Guérison accélérée** : BPC-157 et TB-500 agissent en synergie pour accélérer la récupération des blessures et des interventions chirurgicales, favorisant ainsi la santé des tissus à long terme.
- **Anti-âge et longévité** : GHK-Cu et BPC-157 ont des propriétés régénératrices qui favorisent la santé globale des tissus, améliorant ainsi les signes internes et externes du vieillissement.

Posologie recommandée :

- **GHK-Cu** : 2 à 5 mg par jour, injecté par voie sous-cutanée ou appliqué **localement** sous forme de **crème à** 0,5 à 1 %.
- **BPC-157** : 200 à 500 mcg par jour, par voie sous-cutanée.
- **TB-500 :** 2 à 5 mg par semaine, par voie sous-cutanée.

Cycle : 8 à 12 semaines pour les trois peptides, avec des pauses périodiques.

Thymalin + Epitalon + GHRP-6

Cette combinaison de longévité combine les bienfaits immunitaires et anti-âge du **thymalin** et de Epitalon avec les effets stimulants de l'hormone de croissance du **GHRP-6**. **Thymalin** augmente la fonction immunitaire et réduit l'inflammation, tandis que **Epitalon** favorise un vieillissement en bonne santé en protégeant les télomères. **GHRP-6** augmente les niveaux naturels d'hormone de croissance, favorisant la perte de graisse, la rétention musculaire et la vitalité globale à mesure que vous vieillissez.

Avantages:

- **Entretien et longévité des télomères** : Epitalon aide à préserver les télomères, favorisant la longévité cellulaire et protégeant contre le déclin lié à l'âge.
- **Renforcement du système immunitaire** : Thymalin renforce le système immunitaire, aidant le corps à combattre les infections et les maladies liées à l'âge.

- **Libération d'hormone de croissance** : Le GHRP-6 stimule la production de GH, améliorant la composition corporelle et favorisant un vieillissement en bonne santé.

Posologie recommandée :

- **Thymalin** : 10 à 20 mg par jour pendant 5 à 10 jours, injecté par voie sous-cutanée.
- **Epitalon** : 1 à 3 mg par jour pendant 10 à 20 jours, injecté par voie sous-cutanée.
- **GHRP-6** : 100 à 300 mcg par jour, injecté par voie sous-cutanée.

Cycle : 10 à 20 jours pour Epitalon et le Thymalin, répété tous les 6 mois. Le GHRP-6 peut être utilisé pendant des cycles plus longs (8 à 12 semaines), suivis d'une pause.

6.5 Empilements/combos de peptides pour la santé sexuelle

PT-141 + Kisspeptin + Melanotan II

Ce combo/pile combine **PT-141**, **Kisspeptin** et **Melanotan II** pour stimuler l'excitation sexuelle et améliorer la fonction sexuelle chez les hommes et les femmes. **PT-141** est un peptide connu qui augmente la libido et qui agit sur les récepteurs de la mélanocortine dans le cerveau, améliorant ainsi le désir et la fonction sexuelle. **Kisspeptin** soutient la fertilité en stimulant l'hormone de libération des gonadotrophines (GnRH), qui à son tour déclenche la production d'hormone lutéinisante (LH) et d'hormone folliculo-stimulante (FSH), améliorant ainsi la santé reproductive. **Melanotan II** offre une amélioration supplémentaire de la libido et aide à réguler la réponse sexuelle.

Avantages:

- **Augmentation de la libido** : PT-141 et le Melanotan II stimulent tous deux le désir sexuel et l'excitation, améliorant ainsi l'expérience sexuelle globale.
- **Fonction sexuelle** : PT-141 améliore la fonction érectile chez les hommes et l'excitation chez les femmes, ce qui le rend efficace pour traiter la dysfonction sexuelle.
- **Soutien à la fertilité** : Kisspeptin aide à la régulation des hormones de reproduction, améliorant la fertilité chez les hommes et les femmes.

Posologie recommandée :

- **PT-141** : 1 à 2 mg par injection, pris 30 à 60 minutes avant l'activité sexuelle, injecté par voie sous-cutanée.
- **Kisspeptin** : 100 à 200 mcg par jour, injecté par voie sous-cutanée, pour favoriser la fertilité.
- **Melanotan II** : 0,25 à 1 mg par injection, pris 1 à 2 fois par semaine, injecté par voie sous-cutanée.

Cycle : Utilisé à la demande pour PT-141 et le Melanotan II. Kisspeptin est généralement utilisée en **cycles de 4 à 6 semaines** pour la fertilité.

PT-141 + CJC-1295 + Ipamorelin

Ce combo/stack est conçu pour les personnes qui cherchent à améliorer leur santé sexuelle et leur équilibre hormonal global. **PT-141** se concentre sur l'amélioration de la libido et de la fonction sexuelle, tandis que **CJC-1295** et Ipamorelin travaillent ensemble pour augmenter les niveaux d'hormone de croissance, ce qui peut améliorer l'énergie, la vitalité et les performances sexuelles. Cette combinaison est bénéfique pour les hommes et les femmes qui cherchent à améliorer leur bien-être sexuel ainsi que leur santé et leur vitalité globales.

Avantages:

- **Augmentation du désir et des performances sexuelles** : PT-141 améliore la libido et améliore la fonction sexuelle chez les hommes et les femmes.
- **Amélioration de la vitalité et de l'équilibre hormonal** : CJC-1295 et Ipamorelin augmentent les niveaux d'hormone de croissance, favorisant une meilleure énergie, une meilleure humeur et des performances sexuelles.
- **Meilleure récupération** : L'augmentation des niveaux d'hormone de croissance améliore la récupération et la santé physique et mentale globale, ce qui peut également favoriser la santé sexuelle.

Posologie recommandée :

- **PT-141 :** 1 à 2 mg par injection, pris 30 à 60 minutes avant l'activité sexuelle, injecté par voie sous-cutanée.
- **CJC-1295** : 1000 mcg deux fois par semaine, injecté par voie sous-cutanée.
- **Ipamorelin** : 200 à 300 mcg, 1 à 2 fois par jour, injectée par voie sous-cutanée.

Cycle : 8 à 12 semaines pour CJC-1295 et Ipamorelin, avec pauses. PT-141 est utilisé à la demande.

Gonadorelin + PT-141 + MK-677

Ce combo/pile combine **Gonadorelin**, PT-141 et MK-677 pour optimiser la santé sexuelle et l'équilibre hormonal chez **les hommes**. **Gonadorelin** stimule la production de LH et de FSH, entraînant une augmentation des niveaux naturels de testostérone, améliorant la libido et les performances sexuelles. **PT-141** augmente le désir sexuel et MK-677 augmente les niveaux d'hormone de croissance, qui soutiennent la masse musculaire, l'énergie et la santé sexuelle globale.

Avantages:

- **Boost de testostérone** : Gonadorelin augmente la production naturelle de testostérone, améliorant les performances sexuelles et l'énergie chez les hommes.
- **Amélioration de la libido et de** l'excitation : PT-141 stimule directement les récepteurs de la mélanocortine du cerveau, augmentant ainsi le désir et la fonction sexuelle.
- **Amélioration de la récupération et de la composition corporelle** : MK-677 augmente les niveaux d'hormone de croissance, favorisant une meilleure récupération, une perte de graisse et une vitalité globale.

Posologie recommandée :

- **Gonadorelin** : 100 à 200 mcg par jour, injectée par voie sous-cutanée ou intramusculaire.
- **PT-141 :** 1 à 2 mg par injection, pris 30 à 60 minutes avant l'activité sexuelle, injecté par voie sous-cutanée.
- **MK-677 :** 10 à 25 mg par jour, par voie orale.

Cycle : 8 à 12 semaines, avec une pause de 4 à 6 semaines pour la gonadorelin et MK-677. PT-141 est utilisé au besoin.

Kisspeptin + CJC-1295 + Ipamorelin

Ce combo / pile se concentre sur l'optimisation de la santé reproductive et de la fonction sexuelle en utilisant **Kisspeptin** pour stimuler les hormones reproductives, tandis que **CJC-1295** et Ipamorelin augmentent les niveaux d'hormone de croissance, soutenant la vitalité globale. Cette combinaison est particulièrement efficace pour **les femmes** qui cherchent à améliorer la libido, la fertilité et l'équilibre hormonal, en particulier pendant la ménopause ou les périodes de déséquilibre hormonal.

Avantages:

- **Fertilité :** Kisspeptin favorise l'ovulation et l'équilibre hormonal, améliorant ainsi la fertilité chez les femmes.

- **Amélioration de la santé sexuelle et de la libido** : Kisspeptin augmente le désir sexuel, tandis que CJC-1295 et Ipamorelin stimulent l'énergie et l'humeur, soutenant indirectement la santé sexuelle.

- **Meilleur équilibre hormonal** : Cette pile régule les hormones de reproduction et favorise le bien-être général, en particulier chez les femmes ménopausées ou souffrant de déséquilibres hormonaux.

Posologie recommandée :

- **Kisspeptin** : 100 à 200 mcg par jour, injecté par voie sous-cutanée.
- **CJC-1295** : 1000 mcg deux fois par semaine, injecté par voie sous-cutanée.
- **Ipamorelin** : 200 à 300 mcg, 1 à 2 fois par jour, injectée par voie sous-cutanée.

Cycle : 8 à 12 semaines avec des pauses périodiques pour la régulation hormonale.

PT-141 + Melanotan II + CJC-1295

Ce combo/stack est idéal pour les personnes qui souhaitent améliorer à la fois leur santé sexuelle et leur composition corporelle. **PT-141** augmente la libido et les performances sexuelles, **le Melanotan II** fournit un soutien supplémentaire à la libido et améliore la pigmentation de la peau, tandis que **CJC-1295** augmente les niveaux d'hormone de croissance, favorisant une meilleure récupération et une vitalité globale.

Avantages:

- **Désir et performance sexuels** : PT-141 et le Melanotan II agissent tous deux sur les récepteurs de la mélanocortine, augmentant considérablement la libido et la satisfaction sexuelle.

- **Amélioration de la composition corporelle** : CJC-1295 stimule la libération d'hormone de croissance, ce qui contribue à la perte de graisse et à la préservation musculaire.

- **Pigmentation de la peau** : Melanotan II aide les utilisateurs à bronzer tout en améliorant la santé sexuelle.

Posologie recommandée :

- **PT-141** : 1 à 2 mg par injection, pris 30 à 60 minutes avant l'activité sexuelle, injecté par voie sous-cutanée.

- **Melanotan II** : 0,25 à 1 mg par injection, 1 à 2 fois par semaine, injecté par voie sous-cutanée.
- **CJC-1295** : 1000 mcg deux fois par semaine, injecté par voie sous-cutanée.

Cycle : 12 semaines avec des pauses périodiques pour CJC-1295 et Melanotan II. PT-141 peut être utilisé selon les besoins.

6.6 Empilements/combos de peptides pour l'immunité

Thymosin alpha-1 + LL-37 + VIP

Ce combo/stack est puissant pour renforcer le système immunitaire et lutter contre les infections. **Thymosin alpha-1** stimule la production de lymphocytes T, améliorant ainsi la réponse immunitaire. **LL-37** est un peptide antimicrobien qui tue les bactéries et les virus, tandis que **VIP** (peptide intestinal vasoactif) réduit l'inflammation et améliore la santé pulmonaire, ce qui rend cette combinaison particulièrement utile pendant les saisons de la grippe ou pour les personnes souffrant de problèmes immunitaires chroniques.

Avantages:

- **Renforcement immunitaire** : Thymosin alpha-1 renforce le système immunitaire en augmentant l'activité des lymphocytes T.
- **Action antimicrobienne** : LL-37 combat directement les bactéries, les virus et les champignons, ce qui le rend utile à la fois pour la prévention et le traitement des infections.
- **Santé pulmonaire et respiratoire** : VIP réduit l'inflammation dans les poumons et favorise une fonction respiratoire saine.

Posologie recommandée :

- **Thymosin alpha-1** : 1,6 à 3,2 mg par semaine, injecté par voie sous-cutanée.
- **LL-37** : 100 à 300 mcg par jour, injecté par voie sous-cutanée.
- **VIP** : 50 mcg pulvérisés dans chaque narine jusqu'à 4 fois par jour.

Cycle : 4 à 6 semaines en période d'immunosuppression ou de risque accru d'infection.

Thymosin alpha-1 + BPC-157 + SS-31

Ce combo/pile est conçu pour améliorer l'immunité et favoriser la guérison. **Thymosin alpha-1** stimule la fonction immunitaire, **BPC-157** favorise la réparation des tissus et réduit l'inflammation, et **SS-31** soutient la santé mitochondriale, réduisant le stress oxydatif et protégeant le système immunitaire contre les dommages.

Avantages:

- **Soutien de la fonction immunitaire** : Thymosin alpha-1 améliore la réponse immunitaire, aidant à combattre les infections et à renforcer l'immunité générale.
- **Cicatrisation et réparation des tissus** : BPC-157 aide à guérir les tissus, ce qui est particulièrement utile pour les personnes qui se remettent d'une intervention chirurgicale ou d'une blessure.

- **Protection mitochondriale** : SS-31 réduit les dommages oxydatifs, soutenant à la fois la santé immunitaire et la vitalité globale.

Posologie recommandée :

- **Thymosin alpha-1** : 1,6 à 3,2 mg par semaine, injecté par voie sous-cutanée.
- **BPC-157** : 200 à 500 mcg par jour, injecté par voie sous-cutanée.
- **SS-31** : 5 à 10 mg par jour, injecté par voie sous-cutanée.

Cycle : 8 à 12 semaines avec des pauses périodiques pour surveiller la fonction immunitaire.

VIP + LL-37 + SS-31

Cette combinaison d'immunité combine **VIP (peptide intestinal vasoactif)**, **LL-37** et **SS-31 (élamiprétide)** pour soutenir la résilience immunitaire, réduire l'inflammation et protéger la santé mitochondriale. **VIP** agit comme un puissant agent anti-inflammatoire, améliorant la santé pulmonaire et respiratoire, tandis que **LL-37** offre une action antimicrobienne contre les agents pathogènes. **SS-31 (élamiprétide)** soutient la fonction mitochondriale, ce qui est crucial pour l'énergie et la résilience des cellules immunitaires, en particulier face aux infections chroniques ou aux affections inflammatoires.

Avantages:

- **Anti-inflammatoire et soutien respiratoire** : VIP réduit l'inflammation des tissus respiratoires, ce qui le rend bénéfique pour les personnes souffrant de problèmes respiratoires chroniques ou celles exposées à des agents pathogènes.
- **Défense antimicrobienne** : LL-37 offre des effets antimicrobiens à large spectre, protégeant contre les infections bactériennes, virales et fongiques.
- **Protection mitochondriale et résilience immunitaire** : SS-31 soutient la santé mitochondriale, garantissant que les cellules immunitaires ont l'énergie nécessaire pour répondre efficacement aux infections et à l'inflammation.

Mode d'administration et posologie :

- **VIP** : 100 à 500 mcg par jour, injecté par voie sous-cutanée ou intranasale (50 mcg par pulvérisation dans chaque narine jusqu'à 4 fois par jour)
- **LL-37** : 100 à 300 mcg par jour, injecté par voie sous-cutanée.
- **SS-31** : 5 à 10 mg par jour, injecté par voie sous-cutanée.

Cycle : 8 à 12 semaines, avec 4 semaines ou plus.

Thymosin alpha-1 + KPV + ARA-290

Cette combinaison immunitaire utilise Thymosin alpha-1, KPV et ARA-290 pour renforcer le système immunitaire, réduire l'inflammation et soulager la douleur associée à l'inflammation chronique. **Thymosin alpha-1** favorise l'activité des lymphocytes T et la réponse immunitaire, **KPV** réduit les réponses inflammatoires, en particulier dans l'intestin, et ARA-290 soulage la douleur et soutient la santé nerveuse en réduisant l'inflammation dans les tissus périphériques. Cette combinaison est bénéfique pour ceux qui cherchent à soutenir la santé immunitaire et à atténuer les symptômes des maladies auto-immunes ou inflammatoires.

Avantages:

- **Fonction immunitaire** : Thymosin alpha-1 renforce les défenses immunitaires de l'organisme en augmentant la production de lymphocytes T et la réponse aux infections.

- **Réduction de l'inflammation et de la douleur : KPV** a de puissants effets anti-inflammatoires, particulièrement bénéfiques pour la santé intestinale, tandis que ARA-290 soulage la douleur inflammatoire et favorise la guérison des tissus.

- **Amélioration de la récupération des maladies auto-immunes et chroniques** : Cette combinaison soutient l'équilibre immunitaire, ce qui la rend efficace pour gérer les symptômes des maladies auto-immunes et de l'inflammation chronique.

Posologie recommandée :

- **Thymosin alpha-1** : 1,6 à 3,2 mg par semaine, injecté par voie sous-cutanée.

- **KPV** : 200 à 400 mcg par jour, injecté par voie sous-cutanée.

- **ARA-290** : 4 mg, 2 à 3 fois par semaine, injecté par voie sous-cutanée.

Cycle : 8 à 12 semaines, avec des pauses périodiques pour évaluer la réponse immunitaire, en particulier pour Thymosin alpha-1.

Thymosin alpha-1 + LL-37 + BPC-157

Cette combinaison de système immunitaire et de récupération combine **Thymosin alpha-1**, la **LL-37** et la **BPC-157** pour renforcer le système immunitaire, combattre les infections et favoriser la guérison des tissus endommagés. **Thymosin alpha-1** soutient la régulation immunitaire, **LL-37** offre une protection antimicrobienne contre les agents pathogènes et **BPC-157** aide à la réparation des tissus et réduit l'inflammation. Cette pile est utile pour les personnes qui se remettent d'une maladie, d'une blessure ou d'une intervention chirurgicale et qui ont besoin d'un soutien immunitaire et tissulaire fort.

Avantages:

- **Réponse immunitaire** : Thymosin alpha-1 renforce les défenses immunitaires, augmente la résistance aux infections.

- **Antimicrobien et contrôle des infections** : LL-37 combat une gamme d'agents pathogènes, y compris les bactéries et les virus, réduisant ainsi le risque d'infections.

- **Guérison accélérée et réduction de l'inflammation** : BPC-157 favorise la réparation des tissus et réduit l'inflammation, ce qui facilite la récupération après des blessures ou des interventions chirurgicales.

Posologie recommandée :

- **Thymosin alpha-1** : 1,6 à 3,2 mg par semaine, injecté par voie sous-cutanée.

- **LL-37** : 100 à 300 mcg par jour, injecté par voie sous-cutanée.

- **BPC-157** : 200 à 500 mcg par jour, injecté par voie sous-cutanée.

Cycle : 8 à 12 semaines, avec une pause de 4 semaines pour évaluer la fonction immunitaire et la réponse.

6.7 Empilements/combinaisons de peptides pour la peau, les cheveux et l'esthétique

GHK-Cu + BPC-157 + Epitalon

Ce combo/pile est conçu pour améliorer la santé de la peau, réduire les rides et favoriser la production de collagène. **GHK-Cu** est connu pour ses puissantes propriétés anti-âge et réparatrices de la peau, **BPC-157** accélère la réparation des tissus et la cicatrisation des plaies, et **Epitalon** favorise la régénération globale de la peau en améliorant la régulation de la mélatonine et en stimulant l'activité de la télomérase, ce qui aide à réduire le vieillissement cellulaire.

Avantages:

- **Augmentation de la production de collagène** : GHK-Cu stimule la synthèse de collagène, aidant à réduire les rides et à améliorer l'élasticité de la peau.
- **Réparation et cicatrisation des tissus** : BPC-157 favorise la régénération de la peau et réduit l'inflammation, améliorant ainsi la santé globale de la peau.
- **Anti-âge et longévité** : Epitalon soutient la réparation cellulaire et aide à réguler les habitudes de sommeil, améliorant indirectement la santé de la peau.

Posologie recommandée :

- **GHK-Cu** : 2 à 5 mg par jour sous forme de sérum topique (concentration de 0,5 à 1 %).
- **BPC-157** : 200 à 500 mcg par jour, injecté par voie sous-cutanée.
- **Epitalon** : 1 à 3 mg par jour pendant **10 à 20 jours**, injecté par voie sous-cutanée une fois par an. Ce cycle peut être répété tous les **6 à 12 mois** pour un sommeil à long terme.

Cycle : 8 à 12 semaines pour **GHK-Cu et BPC-157**, avec une pause de 4 semaines entre les cycles.

GHK-Cu + PTD-DBM + Argireline

Ce combo/pile cosmétique combine **GHK-Cu**, **PTD-DBM** et **Argireline** pour bénéficier à l'esthétique de la peau et des cheveux. **GHK-Cu** est réputé pour ses propriétés rajeunissantes pour la peau, favorisant la synthèse de collagène, améliorant l'élasticité de la peau et aidant à la cicatrisation des plaies. **PTD-DBM** cible la santé des cheveux, favorisant la régénération des follicules et encourageant la croissance des cheveux, ce qui le rend efficace pour lutter contre l'amincissement des cheveux.

Argireline sert de solution anti-rides non invasive, relaxant les muscles du visage et lissant les ridules sans avoir besoin d'injections. Ensemble, ces piles améliorent la qualité de la peau, favorisent la croissance des cheveux et offrent des avantages anti-âge, ce qui en fait une solution polyvalente pour l'amélioration cosmétique globale.

Avantages:

- **Amélioration de la texture et de l'élasticité de la peau** : GHK-Cu stimule la production de collagène, ce qui lisse les ridules et raffermit la peau, améliorant ainsi la texture globale.

- **Réduction des rides** : Argireline détend les muscles du visage, réduit la profondeur des rides et crée une apparence plus lisse, en particulier autour des zones sujettes à l'expression.
- **Favorise la croissance des cheveux et la santé du cuir chevelu** : PTD-DBM soutient l'activité des follicules pileux, encourageant la croissance des cheveux dans les zones clairsemées et améliorant l'état du cuir chevelu.

Posologie recommandée :

- **GHK-Cu** : 2 à 5 mg par jour par voie topique à une concentration de 0,5 à 1 % dans un sérum pour application cutanée.
- **PTD-DBM** : Appliqué localement sur le cuir chevelu à une concentration de 0,1 à 0,5 % pour soutenir la croissance des cheveux.
- **Argireline** : Appliqué quotidiennement par voie topique sur des zones ciblées à des concentrations de 5 à 10 % sous forme de crème ou de sérum.

Cycle : GHK-Cu et Argireline peuvent être utilisés en continu dans le cadre d'une routine quotidienne de soins de la peau. Pour **PTD-DBM**, un cycle de 8 à 12 semaines est idéal, suivi d'une pause de 4 semaines avant de reprendre pour évaluer la croissance des cheveux et la santé des follicules.

GHK-Cu + CJC-1295 + Ipamorelin

Ce combo / pile combine **GHK-Cu** pour ses propriétés anti-âge et de régénération de la peau, avec **CJC-1295** et Ipamorelin pour favoriser la libération de l'hormone de croissance, améliorant l'élasticité de la peau, le tonus musculaire et la réduction de la graisse. Ensemble, ces peptides favorisent le rajeunissement interne et externe.

Avantages:

- **Amélioration de l'élasticité et de la texture de la peau** : GHK-Cu augmente la production de collagène, ce qui rend la peau plus ferme et réduit les rides.
- **Soutien de l'hormone de croissance** : CJC-1295 et Ipamorelin augmentent les niveaux d'hormone de croissance, ce qui contribue à la perte de graisse, à la rétention musculaire et à la vitalité globale.
- **Apparence jeune** : Cette combinaison améliore la santé globale de la peau et favorise une apparence plus jeune.

Mode d'administration et posologie :

- **GHK-Cu** : 2 à 5 mg par jour sous forme de sérum topique (concentration de 0,5 à 1 %).
- **CJC-1295** : 1000 mcg deux fois par semaine, injecté par voie sous-cutanée.
- **Ipamorelin** : 200 à 300 mcg, 1 à 2 fois par jour, injectée par voie sous-cutanée.

Cycle : 8 à 12 semaines pour CJC-1295 et Ipamorelin. GHK-Cu peut être utilisé en continu pendant de plus longues périodes.

BPC-157 + GHRP-2 + GHK-Cu

Ce combo/stack est idéal pour la réparation de la peau, la cicatrisation des tissus et les effets anti-âge globaux. **BPC-157** favorise la guérison rapide de la peau, des muscles et du tissu conjonctif, **le GHRP-2** stimule la libération d'hormone de croissance pour soutenir l'élasticité de la peau et le tonus musculaire, et **GHK-Cu** procure de puissants effets anti-âge en favorisant la production de collagène et la régénération de la peau.

Avantages:

- **Réparation des tissus et de la peau** : BPC-157 accélère la guérison et réduit l'inflammation, ce qui le rend idéal pour les personnes qui se remettent de blessures ou d'interventions chirurgicales.
- **Libération d'hormone de croissance** : GHRP-2 stimule l'hormone de croissance, améliorant le tonus musculaire et l'élasticité de la peau.
- **Anti-âge** : GHK-Cu améliore la texture et l'apparence de la peau en stimulant la production de collagène.

Mode d'administration et posologie :

- **BPC-157** : 200 à 500 mcg par jour, injecté par voie sous-cutanée.
- **GHRP-2** : 100 à 300 mcg par jour, injecté par voie sous-cutanée.
- **GHK-Cu** : 2 à 5 mg par jour sous forme de sérum topique (concentration de 0,5 à 1 %).

Cycle : 8 à 12 semaines avec des pauses pour le GHRP-2 et GHK-Cu.

6.8 Considérations clés pour les combinaisons/empilement de peptides

- Choisissez des peptides qui se complètent en termes de fonctionnement. Par exemple, l'empilement/la combinaison de peptides qui favorisent à la fois la libération d'hormone de croissance et de peptides qui améliorent la réparation des tissus peut conduire à une meilleure récupération et croissance musculaire.
- Les empilements de peptides doivent être cycliques pour empêcher le corps de développer une tolérance ou des rendements décroissants. Un cycle typique peut durer de 4 à 8 semaines, suivi d'une pause de quelques semaines avant de recommencer. Cela garantit que les peptides restent efficaces et réduit le risque d'effets secondaires en cas d'utilisation prolongée.
- Lorsque vous empilez des peptides, il est important d'ajuster les dosages pour vous assurer de ne pas surcharger votre système. Les doses recommandées pour chaque peptide d'une pile peuvent être plus faibles que si vous les preniez individuellement, car l'effet combiné de la pile est plus puissant.
- Gardez une trace de la façon dont votre corps réagit à l'empilement de peptides, surtout si vous débutez dans la thérapie peptidique.

CHAPITRE 7. PEPTIDES ET MODE DE VIE

Les peptides fonctionnent mieux lorsqu'ils sont intégrés à un mode de vie sain. Pour maximiser les avantages de la thérapie peptidique, il est important de soutenir votre corps avec la bonne nutrition, l'exercice, les stratégies de récupération et de gérer correctement vos attentes.

7.1 Nutrition, exercice et récupération

7.1.1 Alimentation

Apport en protéines

De nombreux peptides, en particulier ceux utilisés pour la croissance et la récupération musculaires (tels que CJC-1295, Ipamorelin ou IGF-1 LR3), dépendent d'un apport adéquat en protéines pour soutenir la synthèse des protéines musculaires. Essayez de consommer 1,0 à 1,2 gramme de protéines par livre de poids corporel par jour. Cela peut provenir de sources telles que les viandes maigres, le poisson, les œufs, les produits laitiers ou les poudres de protéines végétales.

Graisses saines

Les peptides hormonaux qui influencent les niveaux de testostérone, d'œstrogène ou d'hormone de croissance fonctionneront mieux si votre corps a accès à des graisses saines. Les acides gras oméga-3 (provenant du poisson, des graines de lin ou des noix) favorisent la production d'hormones, réduisent l'inflammation et améliorent la santé cellulaire globale.

Antioxydants

Les peptides comme GHK-Cu et BPC-157 favorisent la réparation des tissus et réduisent l'inflammation. Pour soutenir ce processus, concentrez-vous sur une alimentation riche en antioxydants tels que les fruits, les légumes, les noix et les graines aident à combattre le stress oxydatif, qui peut nuire à la récupération et à la santé cellulaire.

Hydratation

Rester hydraté est essentiel pour la récupération musculaire, la réparation des tissus et la santé globale. Buvez au moins 8 à 10 verres d'eau par jour et envisagez d'augmenter cette quantité si vous utilisez des peptides pour la performance ou la perte de graisse, car ils aident à améliorer l'activité métabolique.

7.1.2 Exercice

Musculation

Pour les peptides de croissance musculaire, il est important de s'engager dans un entraînement de résistance régulier. Concentrez-vous sur les mouvements composés (tels que les squats, les soulevés de terre et les presses) qui font travailler de grands groupes musculaires. Visez 3 à 5 séances par semaine, avec une surcharge progressive pour défier continuellement vos muscles.

Exercice cardiovasculaire

Pour les personnes utilisant des peptides de perte de graisse comme AOD-9604, Semaglutide, etc. L'intégration du cardio est importante. L'entraînement par intervalles à haute intensité (HIIT) est particulièrement efficace pour maximiser la perte de graisse, tandis que le cardio à l'état d'équilibre peut soutenir la santé cardiovasculaire globale et l'endurance.

Séances de récupération

Les peptides comme BPC-157 et TB-500 améliorent la récupération. Complétez cela en incorporant des activités de récupération de faible intensité (comme le yoga, la natation ou la marche) pour favoriser la circulation, réduire l'inflammation et améliorer la réparation musculaire.

7.1.3 Rétablissement

Dormir

Les peptides comme DSIP, Epitalon ou CJC-1295 optimisent la récupération pendant le sommeil. Visez 7 à 9 heures de sommeil de qualité chaque nuit. Le sommeil est le moment où votre corps répare les muscles, traite les informations et équilibre les niveaux d'hormones. Lésiner sur le sommeil peut entraver vos progrès, quel que soit le bon fonctionnement de vos peptides.

Gestion du stress

Les peptides comme Selank ou Semax peuvent aider à gérer le stress, mais l'intégration d'autres pratiques de réduction du stress (comme la méditation, la respiration profonde ou la pleine conscience) dans votre routine peut renforcer l'efficacité des peptides. Des niveaux de stress élevés peuvent perturber l'équilibre hormonal, altérer la fonction cognitive et entraîner une inflammation, ce qui contrecarre les avantages de la thérapie peptidique.

7.2 Gérer vos attentes

Il est important de comprendre la différence entre les avantages à court terme et à long terme lors de l'utilisation de peptides, car différents peptides offrent des résultats à des délais différents.

7.2.1 Prestations à court terme (en quelques jours à quelques semaines)

Énergie et concentration :

Les peptides comme **Semax** ou **Selank** apportent souvent des améliorations notables de la concentration, de la fonction cognitive et de l'humeur en quelques jours. Les individus sont susceptibles de ressentir une clarté améliorée, une réduction de l'anxiété et de meilleures performances mentales relativement rapidement.

Amélioration du sommeil

Les peptides comme **DSIP** et Epitalon peuvent améliorer la qualité du sommeil au cours de la première semaine d'utilisation. Les utilisateurs déclarent souvent s'endormir plus rapidement, avoir moins de réveils et se réveiller plus frais dès les premières nuits.

Suppression de l'appétit

Pour les peptides de perte de graisse comme **Semaglutide** ou Tirzepatide, la suppression de l'appétit peut se produire dès les premières doses, ce qui facilite la réduction de l'apport calorique et le début de la perte de poids.

7.2.2 Avantages à long terme (en quelques mois)

Croissance musculaire et perte de graisse

Les peptides comme **CJC-1295**, Ipamorelin ou IGF-1 LR3 peuvent prendre 8 à 12 semaines avant que des gains musculaires significatifs ou une perte de graisse ne soient perceptibles. La construction musculaire et la combustion des graisses nécessitent une utilisation régulière combinée à une nutrition appropriée et à de l'exercice.

Anti-âge et santé de la peau

Les peptides comme **GHK-Cu** ou Epitalon favorisent le rajeunissement de la peau et les effets anti-âge, mais ces changements se produisent sur plusieurs mois. Vous remarquerez peut-être de subtiles améliorations de la texture de la peau, de l'élasticité et des rides, mais les changements spectaculaires prennent du temps.

Longévité et soutien immunitaire

Les peptides comme **Thymosin alpha-1** et Epitalon qui soutiennent la fonction immunitaire ou la longévité cellulaire offrent souvent des avantages à long terme. Une meilleure défense immunitaire ou une amélioration des symptômes liés à l'âge peuvent ne pas être immédiatement perceptibles, mais contribuent à une meilleure santé à long terme.

7.2.3 Équilibre entre les attentes

L'obtention de résultats à long terme avec des peptides nécessite une utilisation régulière sur une période prolongée. Respectez les cycles et les dosages recommandés, même si vous ne voyez pas de changements immédiats.

Les peptides ne sont pas des solutions magiques. Leurs effets sont amplifiés lorsqu'ils sont associés à des pratiques de vie saines, notamment une alimentation équilibrée, une activité physique régulière et un sommeil adéquat.

Surveillez les petites améliorations au fil du temps, qu'il s'agisse d'une meilleure récupération, d'une légère réduction de la graisse corporelle ou d'une peau plus lisse. Ces changements progressifs se transforment en résultats significatifs après plusieurs mois.

CHAPITRE 8. CONCLUSION

Les peptides sont devenus l'une des avancées les plus passionnantes de la médecine moderne, offrant une vaste gamme d'applications thérapeutiques, de l'anti-âge et des soins de la peau à la perte de graisse, à la croissance musculaire, au soutien immunitaire, à l'amélioration cognitive et à la fonction cérébrale, à la santé sexuelle, etc.

Leur capacité à cibler les causes profondes spécifiques de nombreux problèmes de santé avec des effets secondaires minimes a fait de la thérapie peptidique un choix privilégié pour de nombreuses personnes, athlètes et professionnels de la santé. Au fur et à mesure que la recherche progresse, le potentiel des peptides en médecine préventive, dans le traitement des maladies chroniques et dans les solutions de santé personnalisées ne fera que s'étendre.

Ce livre a couvert une large gamme de peptides et comment ils peuvent être empilés/combinés pour des résultats spécifiques, ainsi que des conseils pratiques pour une préparation et une utilisation en toute sécurité. Comme tout parcours de bien-être, la clé du succès réside dans la combinaison de la thérapie peptidique avec un mode de vie sain et la compréhension de la réponse de votre corps.

N'oubliez pas que les peptides sont puissants, il est donc toujours préférable de les approcher avec prudence. Travaillez avec un professionnel de la santé pour vous aider à surveiller vos progrès et ajuster les doses au besoin.

Merci d'avoir lu, et bonne chance !

8.1 Ressources pour l'apprentissage et la recherche

Alors que le domaine de la thérapie peptidique continue de se développer, il est important pour toute personne intéressée par l'utilisation des peptides de se tenir informé des derniers développements, recherches et produits. Voici quelques ressources clés pour approfondir l'apprentissage et la recherche :

1. Revues médicales et publications de recherche

- **PubMed** : Il s'agit de l'une des plus grandes bases de données d'articles de recherche scientifique, y compris de nombreuses études sur la thérapie peptidique. Vous pouvez rechercher des peptides spécifiques et consulter les derniers essais cliniques et recherches évaluées par des pairs.

- **ResearchGate** : Une plateforme où les chercheurs partagent leurs publications et leurs résultats. Il s'agit d'une excellente ressource pour accéder aux études sur les thérapies peptidiques émergentes et discuter des résultats avec d'autres professionnels du domaine.

2. Organisations professionnelles

- **International Peptide Society (IPS)** : Une organisation professionnelle dédiée à l'avancement du domaine de la thérapie peptidique. Ils proposent des ressources éducatives, des webinaires et des cours de formation pour les prestataires de soins de santé et les personnes intéressées par l'utilisation des peptides.

- **American Academy of Anti-Aging Medicine (A4M)** : Une organisation mondiale qui se concentre sur les progrès de la médecine anti-âge, y compris les thérapies peptidiques. Ils organisent des conférences, publient des recherches et proposent des certifications en thérapie peptidique.

3. Sites Web et forums éducatifs

- **Blog sur les sciences des peptides** : Une source fiable d'actualités et de mises à jour sur la recherche, les applications et les informations de sécurité sur les peptides.
- **Peptides.org** : Fournit des explications détaillées sur le fonctionnement des différents peptides, leurs avantages et la manière dont ils peuvent être intégrés dans les routines de santé.
- **Forums de remise en forme et de bien-être : Les** communautés en ligne, telles que **r/Peptides** ou **r/Nootropics de Reddit**, sont d'excellents endroits pour engager des discussions avec d'autres utilisateurs sur leurs expériences avec la thérapie peptidique. Ces forums fournissent souvent des informations pratiques, des critiques de produits et des conseils sur les piles et les combinaisons.

4. Prestataires de soins de santé et spécialistes des peptides

Travailler avec un prestataire de soins de santé expérimenté dans la thérapie peptidique est essentiel pour garantir une utilisation sûre et efficace. De nombreux médecins en médecine fonctionnelle, endocrinologues et spécialistes anti-âge connaissent bien la thérapie peptidique et peuvent vous guider dans la création de plans de traitement personnalisés.

Références

Almeida, J. R. (2024). Le voyage d'un siècle des médicaments à base de peptides. *Antibiotiques*, *13*(3), 196. https://doi.org/10.3390/antibiotics13030196

Doti, N. et Ruvo, M. (2024). Peptides synthétiques et peptidomimétiques : de la science fondamentale aux applications biomédicales – Deuxième édition. *Revue internationale des sciences moléculaires*, *25*(2), 1083-1083. https://doi.org/10.3390/ijms25021083

Fetse, J., Kandel, S., Mamani, A.-F. et Cheng, K. (2023). *Avancées récentes dans le développement de peptides thérapeutiques*. *44*(7), 425–441. https://doi.org/10.1016/j.tips.2023.04.003

Li, L., Gregory Joseph Duns, Wubliker Dessie, Cao, Z., Ji, X. et Luo, X. (2023). Progrès récents dans les stratégies thérapeutiques à base de peptides pour le traitement du cancer du sein. *Frontières de la pharmacologie*, *14*. https://doi.org/10.3389/fphar.2023.1052301

Marcin, A. (2023, 13 novembre). *Peptides de perte de poids : tout ce que vous devez savoir*. Ligne de santé ; Médias Healthline. https://www.healthline.com/health/weight-loss/using-peptides-for-weight

Martini, S., et Davide Tagliazucchi. (2023). *Peptides bioactifs dans la santé et la maladie humaines*. *24*(6), 5837 à 5837. https://doi.org/10.3390/ijms24065837

Naeem, M., Muhammad Inamullah Malik, Umar, T., Ashraf, S. et Ahmad, A. (2022). Un examen complet des peptides bioactifs : sources pour les perspectives futures. *Revue internationale de recherche et de thérapeutique sur les peptides*, *28*(6). https://doi.org/10.1007/s10989-022-10465-3

Ngoc, L. T. N., Moon, J.-Y., et Lee, Y.-C. (2023). Aperçu des peptides bioactifs dans les cosmétiques. *Cosmétiques*, *10*(4), 111. https://doi.org/10.3390/cosmetics10040111

Nhàn, T., Yamada, T. et Yamada, K. H. (2023). Agents à base de peptides pour le traitement du cancer : applications actuelles et orientations futures. *Revue internationale des sciences moléculaires*, *24*(16), 12931-12931. https://doi.org/10.3390/ijms241612931

Othman Al Musaimi. (2024). Thérapies peptidiques : dévoilement du potentiel contre le cancer - Un voyage à travers 1989. *Cancers*, *16*(5), 1032-1032. https://doi.org/10.3390/cancers16051032

Pereira, A. J., Luana, Xing, H. et Conda-Sheridan, M. (2024). Thérapies à base de peptides : défis et solutions. *Recherche en chimie médicinale*. https://doi.org/10.1007/s00044-024-03269-1

Petre MS, RD (NL), A. (2020, 3 décembre). *Peptides pour la musculation : fonctionnent-ils et sont-ils sans danger ?* Ligne de santé. https://www.healthline.com/nutrition/peptides-for-bodybuilding

Purohit, K., Reddy, N. et Anwar Sunna. (2024). Exploration du potentiel des peptides bioactifs : des sources naturelles aux thérapeutiques. *Revue internationale des sciences moléculaires*, *25*(3), 1391-1391. https://doi.org/10.3390/ijms25031391

Richard, O.-A. (2019). *Peptides bioactifs*. Google Livres. https://books.google.com.ng/books?id=JJ_MBQAAQBAJ&lpg=PP1&ots=DzI9Z5uKH5&dq=Bioactive%20peptides%20and%20health.%20(n.d.).%20Frontiers%20in%20Nutrition&lr&pg=PR6#v=onepage&q&f=false

Rivero-Pino, F. (2023). Peptides bioactifs dérivés d'aliments pour la nutrition fonctionnelle : Effet de l'enrichissement, du traitement et du stockage sur la stabilité et la bioactivité des peptides dans les matrices alimentaires. *Chimie alimentaire*, *406*, 135046. https://doi.org/10.1016/j.foodchem.2022.135046

Rossino, G., Marchese, E., Galli, G., Verde, F., Finizio, M., Serra, M., Linciano, P., & Collina, S. (2023). Les peptides en tant qu'agents thérapeutiques : défis et opportunités à l'ère de la transition écologique. *Molécules*, *28*(20), 7165. https://doi.org/10.3390/molecules28207165

Sreenivas, S. (2021, 25 mars). *Que sont les peptides ?* WebMD. https://www.webmd.com/a-to-z-guides/what-are-peptides

Wang, L., Wang, N., Zhang, W., Cheng, X., Yan, Z., Shao, G., Wang, X., Wang, R., & Fu, C. (2022). Peptides thérapeutiques : applications actuelles et orientations futures. *Transduction du signal et thérapie ciblée*, *7*(1), 48. https://doi.org/10.1038/s41392-022-00904-4

www.ingramcontent.com/pod-product-compliance
Lightning Source LLC
Chambersburg PA
CBHW082251220526
45469CB00009B/2963